사진 & 일러스트로 보는 꿈의 자동차 기술 **Motor Fan** illustrated

Motor Fan
illustrated Vol. 20

기초에서부터 **전륜·후륜·4륜 구동**

현가장치
SUSPENSION

GoldenBell
www.gbbook.co.kr

Motor Fan
illustrated
SUSPENSION

INTRODUCTION

책에서 현가장치을 소개하는 것이 갑작스럽긴 하지만, 실은 ……라는 이야기를.

자동차가 달리면 타이어가 노면과 접촉되면서 타이어가 받는 하중이 변화한다.

이때에 현가장치의 부시(Bush) 종류는 변형되고, 마운트(Mount · 진동이나 충격의 흡수장치)는 진동한다.

중개역할을 하는 댐퍼가 열심히 작동한다고 해도, 복잡한 도로 여건에서는 설계자가 의도한 대로 타이어가 운동하지 않는다. 승차감도 마찬가지이다. 여러 가지 요소가 복잡하게 관련되어 있기 때문에, 그 해석 작업도 정확하게 할 수 없는 실정이다.

탑승객이 안심하고 기분 좋게 달릴 수 있도록, 결속하여 현가장치를 잘 마무리하기 위해서는 오랜 경험과 숙련된 기술이 요구된다.

이러한 어려움도 있기 때문에, 현가장치가 주행의 중요한 요소인 것은 당연하다.

그러나 현가장치가 확실히 중요한 부품이긴 하지만 전부는 아니다.

아무리 뛰어난 현가장치를 고안한다고 해도, 이것을 이용할 수 있는 「차체(車體)」가 우선이다.

주행으로만 현가장치의 형식을 알 수는 없다.

예전부터 지금까지 다양한 현가장치 형식을 장착한 차량들이 도로 위를 달리고 있다.

용도가 확실한 작업차나 화물차 등에는 현가장치의 형식이 제한받을 때도 있지만, 승용차에서는 아직까지도 수많은 종류가 존재하며 줄어들 추세는 보이지 않는다.

그 이유의 하나는 주행패턴이 현가장치 형식과는 무관하며, 그 상관관계가 언제나 같은 것은 아니기 때문이다. 극히 일부에서만 특징다운 것을 찾아낼 수 있을 정도이며, 주행만으로 현가장치의 형식을 알 수는 없다.

그 차이를 말로 표현한다면, 「느낌의 높낮이」, 「쾌적성」, 「확실한 감각」, 「안심감(安心感)」, 「안정감」, 「도는 느낌」 등의 표현이 된다. 보이지 않아 형상화하기는 쉽지 않지만 누구라도 느낄 수 있다. 이 「감」들이 어우러져서 전달되어 오는 것이 「동역학적 품질」이며 그 근원이 차체이다.

예를 들어, 한계 주행 시의 시간을 결정짓는 요소는 타이어와 동력성능 그리고 차체이다.

일상적인 주행에서는 승차감, 특히 장거리 주행에서는 피로감과 안심감(신뢰감)이 크게 좌우한다.

실은 이러한 요소들과 관련하여 현가장치는 2차적인 역할을 하고 있는 데 지나지 않는다.

그러면, 차체의 차이란 도대체 무엇일까?

현가장치가 차체와 연결되어 있는 부분의 「조립 강성(剛性)」, 4개의 현가장치 어셈블리를 지탱하는 「차체의 강성(Stiffness, Rigidity)」, 힘을 전달하는 「각 부품의 강성」이 아주 중요한 요소이다.

이 모두가 목적에 맞게 충분히 강한 「강도(强度 · Strength)」로 결합되지 않으면 훌륭한 주행을 할 수가 없다.

현가장치를 장착하는 경우에도 제대로 만들어진 차체를 만나면 설치하는데 큰 어려움이 없이 한 번에 마무리를 할 수 있다.

제대로 된 차체가 아니면 아무리 현가장치를 잘 만들고, 조립을 잘해도 그 역할을 다 못한다.

30년 가까이 현가장치 분야에 종사하며 느낀 생각이다.

나무는 보고 숲을 보지 못한다는 말이 있듯이, 차체는 모르고 현가장치만 알아서는 좋은 자동차를 만들수 없다.

주행을 잘 하기 위해서는, 무엇보다도 차체를 잘 만들어야 한다.

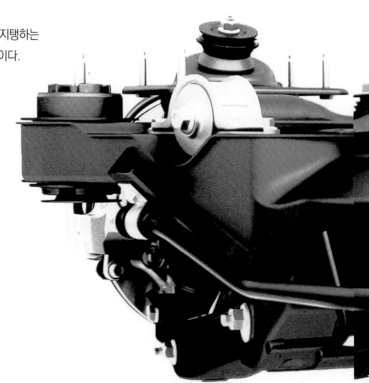

CONTENTS

현가장치의
기초지식 — Basic knowledge of Suspension —

「현가장치는 구조가 복잡하고 움직임도 난해하여 이해하기 힘들다」고들 말한다.
그러나, 그 기본적인 역할과 목적은 매우 간단하다.
현가장치를 이해하기 위한 「제일 처음」을 알기 쉽게 정리하였다.

그림 : 쿠마가이 토시나오(熊谷敏直) 사진/자료 : DAIMLER / RENAULT

자동차를 좋아하고 운전에 관심이 있는 사람이라면 한 번쯤 현가장치에 흥미를 느낀 적이 있을 것이다. 페이스 리프트(Face Lift)나 튜닝(Tuning)의 분야에서도 현가장치에 대한 주목도는 결코 낮지 않으며, 하물며 자동차 경주분야라면 현가장치는 가장 중요한 부품의 하나가 된다.

반면에, 현가장치에 관한 중요한 정보나 기술은 그다지 세상에 많이 공표되지 않은 느낌이 든다. 엔진과 변속기에 관해서는 자상한 해설 기사가 드물지 않은데 비해, 이유는 잘 알 수 없지만 현가장치를 알기 쉽게 설명한 기사나 자료는 거의 본 적이 없다. 물론, 현가장치에 대해서 정말로 깊숙한 내용까지는 더더욱 없다.

현가장치를 이해하기 위해서는 기하학(幾何學 · Geometry) 및 기구학(機構學 · Theory of Mechanism)이라는 과학의 영역에 들어갈 필요가 있다. 그러나 그 수준까지는 추구하지 않더라도 자신의 자동차가 어떻게 주

행하게 되는지, 승차감, 조종성 및 안정성이 좋고 나쁨은 무엇이 어떻게 됨으로써 결정되는지 등등에 대하여 알고 싶어 하는 사람이 결코 적지 않다고 생각한다. 이 책은 이와 같은 상황에서 '조금이라도 도움을 주고자, 현가장치에 다소나마 흥미를 갖고 있는 사람들이 기술 측면에서 전진할 수 있도록, 「첫 걸음」으로서 도움이 된다면' 하는 생각에서 저술하였다. 기본은 '그림'을 이용하여 가급적 쉽게 현가장치의 구조, 작동, 역할 등을 이미지화 할 수 있도록 배려했다고 생각한다. 우선 자동차의 근원을 거슬러 올라가면 그 하나로 마차(馬車)를 들 수 있다. 시작은 객실, 차대, 차축이 모두 강체 설치(Rigid Mount)구조 이기 때문에, 노면의 굴곡을 넘을 때마다 치받는 듯한 상하운동이 객실에 큰 충격을 주었다. 그래서 승차감 개선을 위하여 고안된 것이 차대와 객실을 분리하고, 차대 측에 세운 기둥에 가죽 벨트 등으로 객실

을 띄워 조립하는 플로팅 마운트 구조(Floating Mount Structure)이다. 바퀴(또는 객실)를 매달았다는 의미에서 「현가장치(Suspension System)」라고 한다. 시대가 후세로 내려오면서 차대 측에 판스프링(Leaf Spring) 등의 충격 완화기구를 갖춘 구조가 고안되었고, 이로 인하여 「스프링 상·하(위/아래)」의 개념이 생겨났다.

최초의 '자동차'가 어느 것인가에 대해 여러 가지 설이 있지만, 우선 역사를 추적해 보면 1796년에 첫 주행을 한 프랑스 발명가 퀴뇨(Cugnot)의 증기기관 3륜 자동차에는 현가장치 종류는 사용되지 않았다. 마차는 아니고, 짐을 싣는 짐차를 기본으로 하고 있다. 1803년에 발표된 영국의 기계기술자 트레비딕(Richard Trevithick)의 '런던증기차'는 마차를 기본으로 고안되었으며, 객실은 부동(浮動)구조로 되어 있다. 그리고 1860년에 제조된 에티엔 르노아르(Etienne Lenoir)의 엔진을 장착한 3륜

■ 세로(縱)배치 판 스프링(Leaf Spring), 킹핀(Kingpin)식 조향기구

왼쪽 사진은 1984년제 Benz 「Velo」의 앞부분(Front section)이다. 하나의 차축에 좌우로 연결되어 있으며, 차대(車臺)와의 사이는 세로로 배치된 판 스프링으로 연결되어, 충격의 완충 및 감쇠 효과를 실현하고 있다. 그리고 잘 보이지는 않지만 차축의 양단에는 킹핀 식 조향기구가 부착되어 있다. 차실 측에서 뻗어져 나온 링키지(Linkage)는 가로(橫)배치 판 스프링을 통하여 너클 암에 연결되어 있다. 오른쪽 사진은 1909년에 최고속도 205.666km/h를 달성한, 속도기록 도전용 차량인 'Blitzen-Benz'의 앞부분이다. 역시 판 스프링을 사용하고 있지만, 길이가 다른 판 스프링을 여러개 포갠 방식이다. 또 차축에는 마찰식의 감쇠장치(둥근 부분)도 구비되어 있다. 이 단계가 요즈음의 현가장치 기능이 모두 갖추어졌다고 생각해도 좋다.

■ 가로(橫)배치 판 스프링, 4륜 독립식 현가장치(Independent Type Suspension)

■ 슬라이딩 필러(Sliding Pillar) 식

좌측 사진과 삽화는 1931년의 Mercedes Benz 170의 섀시(Chassis)이다. 앞 현가장치는 스윙 액슬(Swing axle)과 상하의 가로배치 판 스프링, 뒤 현가장치(좌측 상)는 스윙 액슬과 코일 스프링(Coil spring)으로 구성되어 있으며 각각 독립적으로 현가 되어있다. 우측 사진은 1960년대의 모건(Morgan)이 사용한 슬라이딩 필러식 앞 현가장치다. 원(圓) 궤적을 그리지 않고 직선궤적(直線軌跡)을 그리는 것이 특징이다. 즉 상하 운동만을 허용하고, 캠버(Camber)나 토(Toe)는 완전히 규제하여 현가장치의 기본 기능만을 실현시키는 구조이다. 슬라이딩 필러식 현가장치는 란치아(Lancia 옛 이태리 자동차 회사) 등에도 사용되고 있다.

PHOTO : Dave_7

차량은 전(前)1륜에 판 스프링을 구비하고 있다. 이 자동차가 현가장치 부착 자동차의 원조라고 생각해도 좋다.

덧붙이자면 4 페이지의 사진은, 1886년에 칼 프리드리히 벤츠(Karl Friedrich Benz)가 제작한 가솔린엔진 탑재의 3륜 자동차 'Patent Motorwagen'인데, 이 차는 반대로 후2륜 측에 판 스프링을 장착하고 있다. 다음 단계는 앞 2바퀴(Wheel)를 조향하는 조향기구의 발명으로 이것도 여러 설이 있지만, 역시 칼 벤츠가 고안한 킹핀식 조향기구를 원조라고 하는 설이 주류이다. 감쇠장치(減衰裝置 · Damping device)의 경우는, 판 스프링 자체가 그 기능을 겸비하고 있었으므로, 이 단계에 이르러 자동차의 현가장치의 기본이 완성되었다고 생각해도 좋다. 그로부터 긴 세월이 흐르면서 현가장치는 커다란 진화를 가져 왔다. 그렇지만 따지고 보면 그 역할은 예전부터 변함이 없으며 매우 단순하다. 우선 차대(車臺 · Chassis)와 차륜(車輪 · Wheel)을 확실하게 연결하면서 각각은 어느 정도 자유롭게 움직일 수 있는 '링크기구(Linkage Mechanism)'로서의 역할 수행이 최초의 임무다. 다음으로 자동차가 달리면, 노면의 요철에 따라 차륜이 상하로 움직일 때 링크를 통하여 차체가 흔들리도록 한다. 이 움직임 자체를 무리하게 없애려고 하면, 차체가 튀어 오르기 때문에 기본적으로 움직임 자체는 허용하면서 스프링을 사용하여 충격을 완화시키는 것이다. 차륜의 상하운동으로 인한 운동에너지를 스프링으로 흡수한다고 표현해도 좋다. 이 '완충기구(緩衝機構 · Shock Absorbing Device)'로서의 역할을 수행하는 것이 현가장치의 두번째 임무이다. 스프링이 흡수한 운동에너지를, 다음에 스프링을 반대 방향으로 움직이는 힘이 되도록 내버려두면 그 신축운동이 끝없이 반복하게 된다. 그렇게 되면 차량에 여러 가지 문제가 발생하므로, 마찰 등을 이용하여 그 에너지를 열 등으로 변환하여 저감시킨다. 이것이 감쇠장치(減衰裝置)인 댐퍼(Damper)의 역할이다. 오늘날의 자동차에 설치되어 있는 현가장치도 기본적인 역할은 똑같다. 상하운동은 허용하고 그 이외의 움직임은 규제하면서 충격을 완화하고 차륜의 운동에너지를 감소시킨다. 물론, 링크 배치에 대한 연구를 통해, 차체의 움직임에 따라 차륜의 방향을 기계적으로 제어함으로써 조종성과 안정성을 높이는 역할도 있지만, 여기서는 그 전의 단계이다. 다음 페이지에서는 현가장치의 기본적인 역할인 '차륜의 자유도를 제한하는 과정'을 4단계로 나누어 시각적으로 표현해 보았다. 이 기본적인 사항만 이해할 수 있으면, 현가장치는 결코 복잡하지도 어렵지도 않다고 생각하게 될 것이다.

차륜의 자유도는 제한된다 —— The Degree of Freedom of the wheel is restricted ——

1 차체와 타이어 사이의 거리를 제한한다.

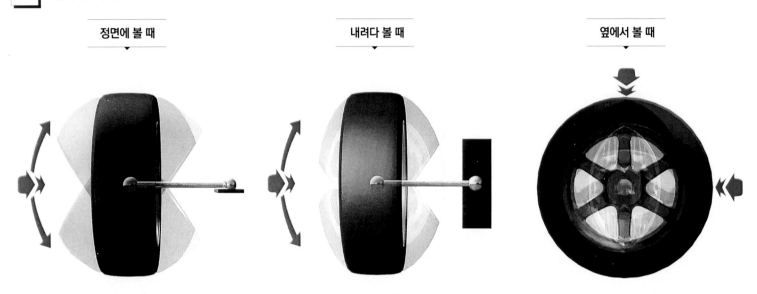

정면에 볼 때   내려다 볼 때   옆에서 볼 때

링크기구로서의 현가장치가 최초로 수행해야 할 역할은, 차체와 차륜을 확실하게 연결하는 것이다. 우선 1개의 링크로 차체와 차륜 사이를 연결함으로써, 차륜이 어떻게 움직이더라도 차체 측 마운트와의 거리는 항상 일정하게 유지된다. 우선, 이것을 '거리'라고 하는 자유도를 제한했다고 말해도 좋다. 그러나 그 이외의 자유도(自由度 · Degree of Freedom)는 전혀 제한되지 않는다. 차체 측이나 차륜 측도 연결부품(조인트)을 중심으로 상하좌우 제멋대로 흔

들리게 된다. 가령 조인트 부분이 일정한 방향으로 움직임을 규제한다고 해도, 다른 방향으로의 자유도는 제한할 수 없다. 그렇다고 경직되게 연결해서는 링크기구로서의 역할을 수행할 수 없다. 자유도를 제한하기 위해서는 더 나아가서 링크의 수를 늘리지 않으면 안 된다는 것을 시각적으로 이해할 수 있을 것이다.

2 토(Toe)를 제한한다.

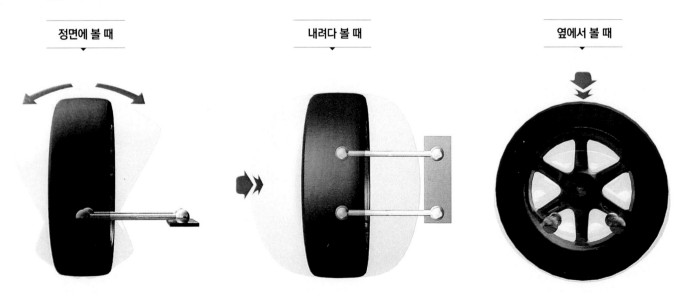

정면에 볼 때   내려다 볼 때   옆에서 볼 때

우선, 1개의 링크 위치를 아래쪽 전방으로 이동하고 그것과 평행하도록 후방에 같은 길이의 링크를 설치해본다. 이렇게 함으로써, 위에서 내려다 본 상태에서 좌우방향으로의 자유도가 제한된다. 이에 따라, '거리'는 물론, 차륜의 진행방향을 기준으로 좌우방향 즉 '토' 방향에 대한 자유도를 제한할 수 있게 된다. 그러나 정면에서 볼 때의 좌우방향의 움직임은 전혀 제한할 수 없다는 것이 일목요연하다. 이 상태를 자동차에 옮겨놓으면, 지면 위에 닿는 순간, 차륜

의 상단이 차체 측으로 쓰러지면서 온전하게 접지할 수 없게 된다. 이런 상태를 해결하기 위해서는 링크의 수를 더 늘릴 필요가 있다. 알기 쉽도록 하기 위해 삽화에서는 생략하였지만, 이 상태에서는 아직 위에서 내려다 볼 때의 원호(圓弧)방향에 대한 자유도도 제한할 수 없다. 가령 위에서 내려다 볼 때 아래쪽으로부터 차륜을 밀면 2개의 링크는 각각 호를 그리며 위쪽으로 이동한다.

링크기구로서의 현가장치는, 도대체 어떻게 차륜의 움직임을 제한하고 있는 것일까?
여기에서는, 그 순서를 4단계로 나누어 해설한다.

삽화 : 쿠마가이 토시나오(熊谷敏直)　사진 / 자료 : DAIMLER / RENAULT

3 | 캠버(Camber)를 제한한다.

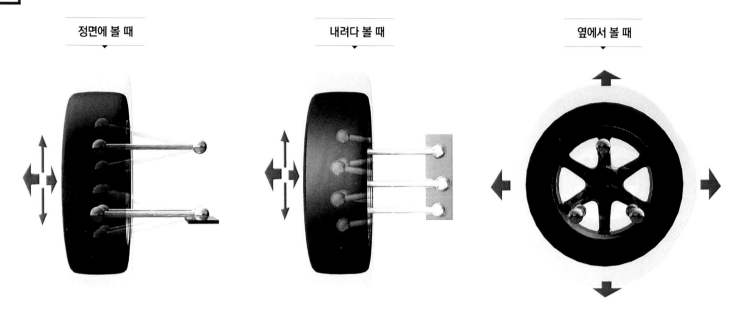

정면에 볼 때　　　　　내려다 볼 때　　　　　옆에서 볼 때

여기까지 배치한 링크는 그대로 두고 이번에는 위쪽에 링크를 하나 더 추가한다. 우선 아래쪽 2개의 링크의 정 중앙 위치에 하나를 더 추가한다. 요점은 아래쪽에 2개, 위쪽에 1개의 링크를 배치하여 차륜을 접합하는 것이다. 이렇게 함으로써 자동차가 지면 위에서 차륜의 위쪽이 차체 측으로 기울어지는 움직임 즉 '캠버' 방향의 자유도를 제한할 수 있게 된다. 이 상태에서 스프링을 추가하면, 우선 자동차는 지면 위에서 균형을 유지하면서 정지(靜止 · 움직이지 않

고 가만히 있는 상태· 물체의 위치가 시간적으로 변하지 않는 것)해 있는 것이 가능해진다. 그러나 이것으로도 아직, 위에서 내려다 보았을 때의 원호방향에 대한 움직임은 제한할 수 없다. 역시 생략된 것이 있다. 자동차를 전방으로 움직이려고 하는 순간, 차륜은 그 위치에 그대로 머물려고 하면서 결과적으로 토 아웃(Toe-out)되면서 차체 측으로 붙어버리게 된다. 이래서는 곤란하므로 링크를 더 추가하여 이 움직임을 제한해 보자.

4 | 전/후 방향과 회전 방향을 제한한다.

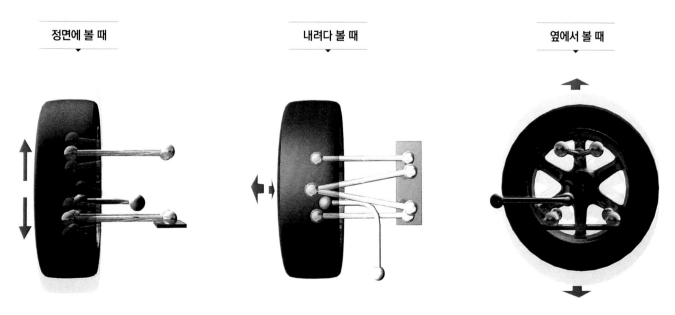

정면에 볼 때　　　　　내려다 볼 때　　　　　옆에서 볼 때

우선 아래쪽에 차체와 차륜을 전후방향으로 연결하는 링크를 추가한다. 이것이 트레일링(Trailing)링크다. 이 링크를 추가함으로써, 자동차가 전방으로 움직이더라도 토 아웃 되면서 차체 측으로 빠져 들어가는 움직임은 규제할 수 있게 된다. 바꿔 말하면 구동 및 제동 시에 발생하는 힘에 대한 저항력을 획득할 수 있다. 그러나 그것만으로는 아직, 차륜의 회전에 따라 발생하는 힘에 대한 저항력을 실현할 수 없다. 그래서 어퍼 링크의 차체 측 받침점을 2개소로 늘

리고 '암' 구조로 변경한다. 이렇게하면 다른 링크와의 힘의 균형에 의하여, 차륜의 회전방향의 힘을 제한할 수 있다. 즉, 이 단계에 이르러 드디어 링크기구로서 요구되는 모든 자유도 제한을 실현할 수 있다. 여러 가지 형식의 현가장치가 존재하지만, 모두가 여기서 나타낸 자유도 제한을 그 어떤 방법으로든 실현하고 있다.

현가장치의 **구조와 기하학적 결합구조** — Structure and Geometry of Suspension —

■ 맥퍼슨 스트럿식 현가장치 Mac Pherson Strut Type Suspension

휠 위치결정을 위하여 코일 및 댐퍼 유닛을 지주(支柱 · Strut)로 사용하는 간단한 기구이다. 고안자인 Earle S. MacPherson의 이름을 따서 부른다. 비교적 역사가 짧으며 처음으로 사용한 예는 1950년이다. 타이어의 횡력(橫力)과 회전력을 감당하며, 더 나아가 쇼크 업소버(Shock Absorber)가 일체화된 구조로 차륜을 차대에 현가(懸架)하는 기구라고 정의할 수 있다. 아래 컨트롤암(링크)은 보통 암 형상이며, 보디 측 2점을 부시 마운트하고, 허브 캐리어 측은 볼 조인트로 연결한다. 어퍼 암(Upper Arm)이 없기 때문에 가로배치 FF의 프런트용으로서 잘 어울리며, 뒤차축용으로서도 차실 공간 확보에 유리한 점 그리고 부품수를 줄일 수 있다는 점 때문에 비용측면, 중량측면에서도 유리하다. 반면에 스트럿 축과 킹핀 축이 어긋나기 때문에 휨 모멘트(Bending Moment)가 발생하고 마찰(Friction)이 증대되는 경향이 있는 점이 단점이었지만, 요즈음은 코일을 스트럿 축과 오프셋 설치하는 등의 방법으로 휨모멘트를 제거하는 것이 일반적이다.

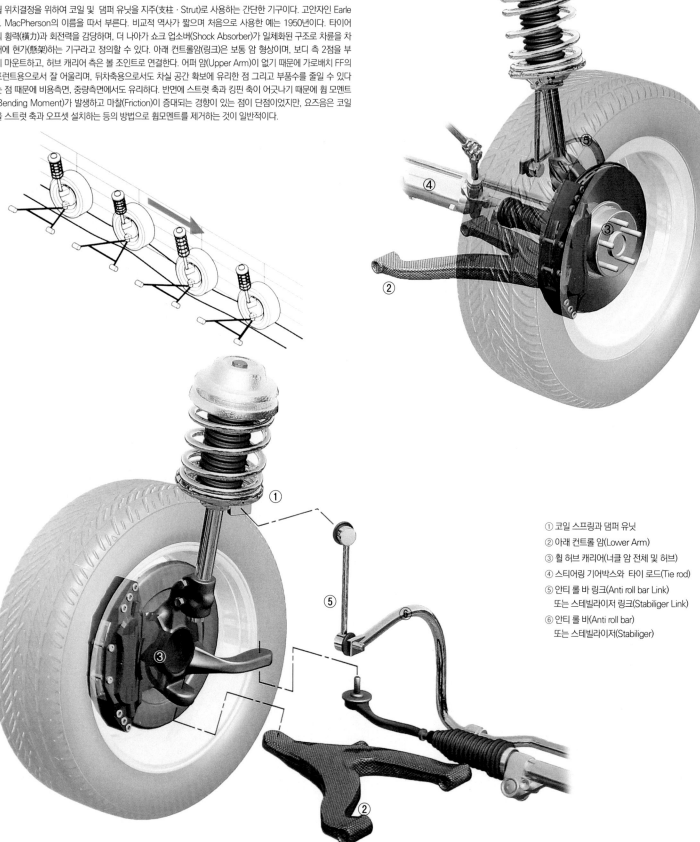

① 코일 스프링과 댐퍼 유닛
② 아래 컨트롤 암(Lower Arm)
③ 휠 허브 캐리어(너클 암 전체 및 허브)
④ 스티어링 기어박스와 타이 로드(Tie rod)
⑤ 안티 롤 바 링크(Anti roll bar Link)
　또는 스테빌라이저 링크(Stabiliger Link)
⑥ 안티 롤 바(Anti roll bar)
　또는 스테빌라이저(Stabiliger)

현가장치에는 여러 가지 형식이 있으며, 역사를 따라서 살펴보는 것만으로도 구조와 작동원리에 대한 이해를 할 수 있을 것이다.
그러나 이 책에서는 보다 이해하기 쉽도록 현재 주로 사용하는 형식만을 소개한다.

삽화 : 쿠마가이 토시나오(熊谷敏直)

■ 더블 위시본식 현가장치 Double Wishbone Type Suspension

기본적인 현가장치는 상하 한 쌍의 암 또는 1개의 암과 다수의 링크로 구성되어 있다. 예전부터 독립 현가
방식의 대표적인 형식이다. 맥퍼슨 스트럿의 등장으로 일시적으로 사용이 주춤했었지만, 1990년대에 들
어와서는 차량의 고성능화, 고출력화가 진행됨에 따라 기하학적 결합구조 설정, 컴플라이언스 튜닝(Tuned
Compliance)의 설계자유도의 크기가 재검토되면서 사용이 증가하였다.
조류의 앞가슴뼈를 영어로 위시본(Wishbon)이라고 한다. 주요 부품인 상/하 컨트롤암의 형상이 새의 앞가슴
뼈의 형상과 비슷한데서, 위시본식이라는 명칭이 유래하였다. 그러나 시판차용의 경우, 엔진룸 안에 배치해
야 하는 이유로 아래 컨트롤 암을 텐션 로드 + 링크배치로 하는 등, 얼핏 보아서는 다르게 배치되어 있는 경우
도 많다. 앞에서 말한 설계자유도의 크기는 물론, 강성(剛性)측면에서도 유리한 방식이다.

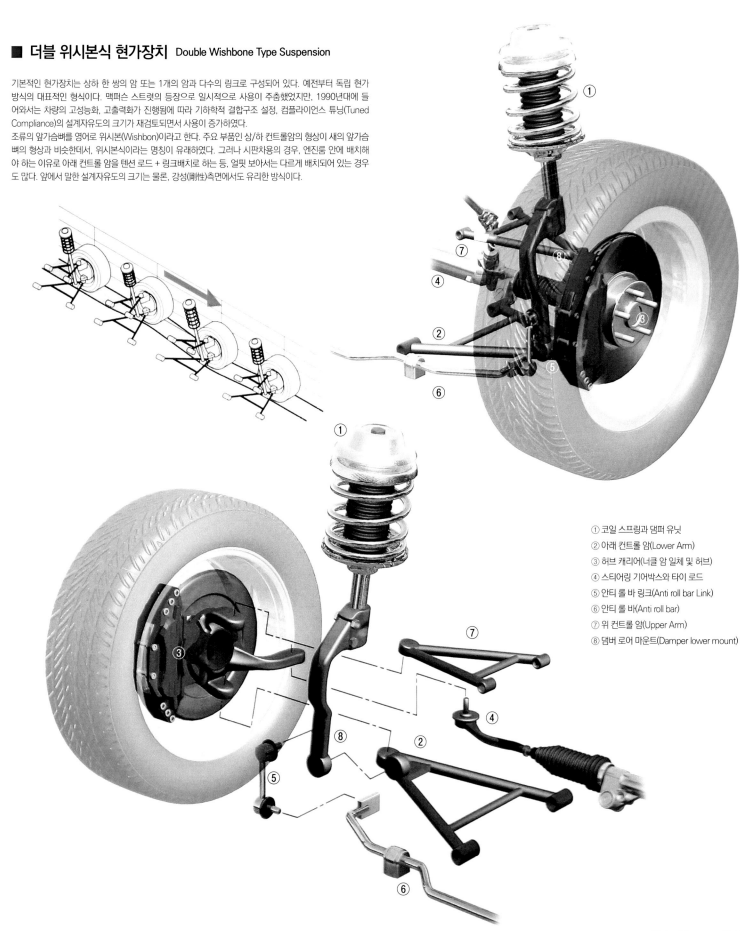

① 코일 스프링과 댐퍼 유닛
② 아래 컨트롤 암(Lower Arm)
③ 허브 캐리어(너클 암 일체 및 허브)
④ 스티어링 기어박스와 타이 로드
⑤ 안티 롤 바 링크(Anti roll bar Link)
⑥ 안티 롤 바(Anti roll bar)
⑦ 위 컨트롤 암(Upper Arm)
⑧ 댐버 로어 마운트(Damper lower mount)

■ 멀티 링크식 현가장치 Multi Link Type Suspension

이 책에서는 2점 사이를 연결하는 기구 중, 한쪽 단의 지지점이 2개인 것을 '암', 양단이 같이 1개의 지지점만 가지고 있는 것을 '링크'라고 한다. 일반적으로 차축의 위치결정을 여러 개의 링크에 의해 실행하는 구조를 멀티링크식이라 하는 경우가 많지만, 사실 명확한 정의라고 말할 수는 없다. 처음으로 멀티식이라고 명명된 현가장치는 1983년에 데 뷔한 Mercedes Benz 190 series(W201)의 뒤 현가장치로서, 모든 이음매가 독립된 링크로 구성되어 있다. 링크의 배치는 메이커나 차종에 따라 각기 다르다. 이 책에서는 편의상, 더블 위시본식 중에서 가상 조향축 또는 토(Toe)의 컴 플라이언스 축(Compliance axis)을 가진 것을 멀티링크식으로 정의한다. 주된 사용 목적은 기하학적 결합구조의 변 화 및 컴플라이언스(Compliance · 외력을 받았을 때의 물질의 탄력성) 특성의 최적화에 있다. 구성에 따라 고도의 제 어가 실현될 수 있지만, 구조가 복잡해지고 각 부품에 높은 정밀도가 요구되는 점 등이 과제이다.

① 코일 스프링과 댐퍼 유닛
② 아래 컨트롤 암(Lower Arm)
③ 허브 캐리어(너클 암 일체 및 허브)
④ 스티어링 기어박스와 타이 로드(Tie rod)
⑤ 안티 롤 바 링크(Anti roll bar Link)
⑥ 안티 롤 바(Anti roll bar)
⑦ 아래 링크(Lower Link)
⑧ 댐버 로어 마운트(Damper lower mount)

■ 토션빔 액슬식 현가장치 Torsion Beam Axle Type

좌우의 트레일링 링크 사이를 토션 빔(비틀림 봉)으로 접속한 구성이다. 빔은 약간씩 비틀리면서 좌/우륜 사이의 움직임을 규제하기 때문에 '세미 리지드(Semi-Rigid)'라고도 한다. 구조 상, 롤의 강성(剛性)이 높은 것이 특징이다. 삽화의 빔이 좌우 차륜의 중심점에 위치하고, 파나르 로드(Panhard rod)가 있는 형식으로, 본래는 이 형식을 토션 빔 액슬식이라고 한다. 그러나 현재의 주류는 트레일링 링크와 차륜 중심 사이에 빔을 배치하는 커플드(Coupled) 링크식이다. 전자(前者)의 롤 센터가 휠 중심점의 위 쪽에 위치되는 것에 반해, 후자에서는 휠 중심점의 아래에 위치하는 것이 다른 점이다. 비용 측면에서 유리하기 때문에 콤팩트 급 FF 차의 뒤 현가장치는, 거의 이 형식을 사용하고 있다고 해도 과언이 아니다

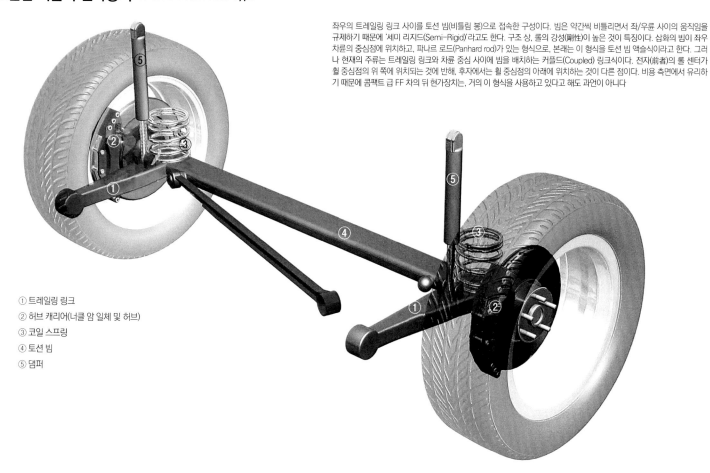

① 트레일링 링크
② 허브 캐리어(너클 암 일체 및 허브)
③ 코일 스프링
④ 토션 빔
⑤ 댐퍼

■ 일체식 액슬식 현가장치 Rigid Axle Type Suspension

좌우 차륜 사이를 1개의 차축으로 연결하는 구성을 일체 차축 현가장치라고 한다. 차륜이 상하운동을 할 때, 얼라인먼트(Alignment)의 변화가 작으며, 구조가 간단하고 부품 수를 줄일 수 있어 비용 측면에서 유리하며, 공간을 절약할 수 있고, 특히 높이를 억제할 수 있는 점 등이 장점이다. 반면에, 스프링 아래 질량(Unsprung mass)이 무겁고, 좌우 차륜의 움직임이 연동되어 승차감이나 조정 안정성 면에서 불리한 점, 얼라인먼트 변화가 작아 설계 자유도가 낮은 점 등이 단점이다. 현재는 일반용 승용차에는 거의 사용되지 않는다. 그러나 강성 측면에서 유리한 것, 트레드(Tread), 토인(Toe in), 캠버(Camber)가 노면에 대하여 항상 일정하고, 방향 안정성을 높게 유지할 수 있는 점 등 때문에, 버스나 트럭 등에는 현재도 많이 사용되고 있다. 아울러 중량급 오프로드 차에도 사용되는 경우가 있다. 차체와 차축을 결합하는 구조에 따라 몇 가지의 종류가 있다. 삽화는 Mercedes Benz UNIMOG의 뒤 차축이다.

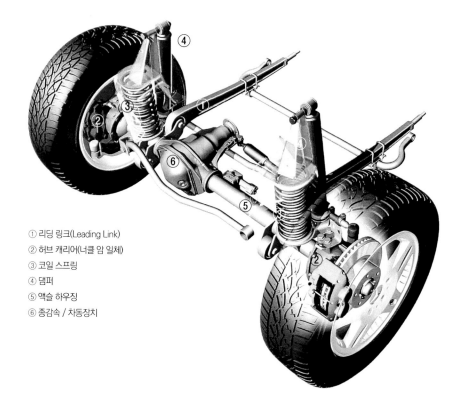

① 리딩 링크(Leading Link)
② 허브 캐리어(너클 암 일체)
③ 코일 스프링
④ 댐퍼
⑤ 액슬 하우징
⑥ 종감속 / 차동장치

■ 똑바로 달린다. = 직진한다.

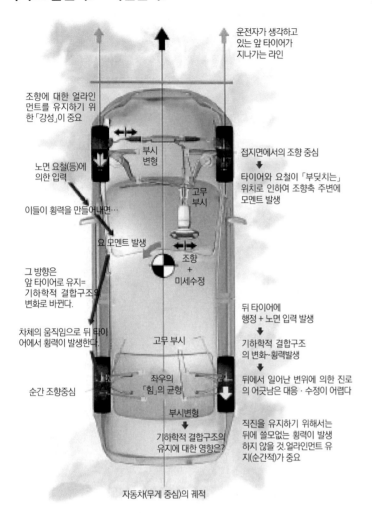

운전자가 생각하고 있는 앞 타이어가 지나가는 라인

조향에 대한 얼라인먼트를 유지하기 위한 「강성」이 중요

노면 요철(등)에 의한 입력

부시 변형

접지면에서의 조향 중심
↓
타이어와 요철이 「부딪치는」 위치로 인하여 조향축 주변에 모멘트 발생

이들이 횡력을 만들어내면…

고무 부시

요 모멘트 발생

그 방향은 앞 타이어로 유지 = 기하학적 결합구조의 변화로 바뀐다.

조향 + 미세수정

뒤 타이어에 행정 + 노면 입력 발생

기하학적 결합구조의 변화~횡력발생

차체의 움직임으로 뒤 타이어에서 횡력이 발생한다.

고무 부시

뒤에서 일어난 변위에 의한 진로의 어긋남은 대응·수정이 어렵다

순간 조향중심

좌우의 「힘」의 균형

부시변형

기하학적 결합구조의 유지에 대한 영향은?

직진을 유지하기 위해서는 뒤에 쓸모없는 횡력이 발생하지 않을 것 얼라인먼트 유지(순간적)가 중요

자동차(무게 중심)의 궤적

■ 방향을 바꾼다. = 선회한다.

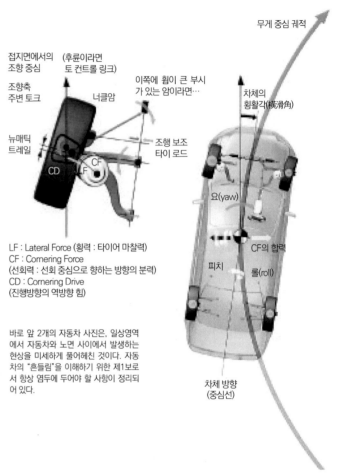

접지면에서의 조향 중심

(후륜이라면 토 컨트롤 링크)

조향축 주변 토크

너클암

이쪽에 힘이 큰 부시가 있는 암이라면…

뉴매틱 트레일

조향 보조 타이 로드

CD   LF   CF

무게 중심 궤적

차체의 횡활각(橫滑角)

요(yaw)

피치

CF의 합력

롤(roll)

LF : Lateral Force (횡력 : 타이어 마찰력)
CF : Cornering Force
(선회력 : 선회 중심으로 향하는 방향의 분력)
CD : Cornering Drive
(진행방향의 역방향 힘)

바로 앞 2개의 자동차 사진은, 일상영역에서 자동차와 노면 사이에서 발생하는 현상을 미세하게 풀어헤친 것이다. 자동차의 "흔들림"을 이해하기 위한 제1보로서 항상 염두에 두어야 할 사항이 정리되어 있다.

차체 방향 (중심선)

현가장치의 움직임을 본격적으로 이해하기 위해서는 기계(機械)·기구(機構)나 기하학(幾何學)에 대하여 배울 필요가 있다. 그러나 여기서는 과학적 이론보다는 실제 현장에서 이루어지고 있는 현가장치의 역할 등을 알아보는 것이 목적이다. 즉, 자동차의 주행상태에 따라 타이어에서 차체까지의 사이에 어떠한 일이 일어나고 있는지, 그리고 그 사이 현가장치는 어떤 역할을 수행하고 있는지에 대하여, 개략적인 이미지화를 위한 지침을 나타내 본다. 우리가 자동차를 운전하고 있는 시간의 90%이상은, 거의 일정한 속도를 유지하면서 조향 핸들도 대체로 중립(Neutral) 위치에서 '똑바로 달리고 있는' 상태라고 생각해도 좋다. 그러므로 현가장치 설계와 셋업의 기본은 직진상태에서의 안정성과 쾌적성을 실현하는 것이다. 여기서 문제가 되는 것은 실제주행 시에, 노면이 완전히 '평탄하지 않다'는 것이다. 비록 방금 포장한 노면이라고 해도, 거기에는 반드시 미세한 요철이 있다. 그리고 노면에는 미세한 기복도 있고, 대형차의 통행이 많은 곳에서는 깊게 패인 바퀴자국이 있으며, 더욱이 노면 위에 다양한 물건이 떨어져 있을 수도 있다. 주행 중에 자동차 타이어는 그 외란 요인들을 타고 넘음으

로써, 그 움직임이 고스란히 차륜을 통하여 현가장치의 마운트 부시에 전달된다. 타이어로부터 부시까지 전달되어 온 힘이 설정되어 있는, 외력에 의한 탄력성 요인으로서 용납될 수 있는 정도라면, 자동차는 진로에 큰 변화 없이 주행한다. 그러나 요철이 조금만 커져도, 조향 핸들은 중립 위치에서 미세한 조향영역 사이를 계속 유지하기 위하여, 아주 작은 '수정 조향'을 요구하게 된다. 일반 운전자가 자동차의 움직임을 통해 느끼는 현상의 대부분이 이러한 영역에서의 피칭(Pitching)이고, 그것에 부수적인 조향의 유격(裕隔·Slack)에 대한 감촉이라고 생각해도 좋다. 다시 말하면 이 영역에서의 수정 조향에 필요한 힘이나 중립 위치로부터의 감촉의 변화가 그 자동차의 현가장치에 대한 기본적인 인상을 좌우한다. 수정 조향을 무의식적으로 해낼 수 있는 수준이라면, 그 자동차는 '똑바로 달린다'고 평가할 수 있다. 이 영역에서는 타이어의 성격이나 조향장치 기구의 설정도, '현가장치'의 마무리로 인식된다. 다음으로 나머지 10%의 시간, 즉 의도적인 조향이 필요한 상황을 생각해보자. 이 시간 중에, 역시 90%정도는 '도로 형상을 따라 돈다', '교차점을 돈다' 라는, 소위 일상주행 영역의 반응을 감지하

고 있다. 이 영역에서도 차체는 롤링(Rolling)을 하고 링크 종류는 지표면의 중력가속도(1G) 상태의 설정각도에서 벗어나게 된다. 대부분의 경우는, 전부 아주 작은 수준에 머문다고 해서, 거기에서 일어나는 자동차의 움직임이 '똑바로 달리고 있는' 상태의 느낌으로부터 연속성을 느낄 수 없을 정도가 되어서는 곤란하다. 현가장치 셋업(Suspension Setup)이란, 우선 이와 같은 영역에서, 보다 많은 운전자가 위화감을 느끼는 일 없이, 자연스런 조작으로 자동차를 제어할 수 있도록 '길들이는'작업이라고 생각하면 된다. 물론 실제로 작업을 진행하는 데에는 더욱 그 앞의 소위 고(高) 가속도 영역에 진입하는 과정에서의 안정성이나 조향에 대한 반응의 연속성, 그리고 한계영역에서의 거동이 파탄을 초래하지 않도록 튜닝하는 것도 중요하지만, 일상영역에서의 움직임이 정확히 튜닝되어 있지 않은 자동차가, 다른 영역에서만 올바르게 반응한다는 것은 있을 수 없다. 약간 추상적인 설명이 되었지만, 실제로 현가장치의 평가는 이와 같은 영역에서 일어나고 있다는 것을 정확하게 파악하고 이해하는 것으로부터 시작되는 것이다. 독자 여러분도 우선 이 영역에서의 자동차 움직임을 '음미'해 보기 바란다.

■ 커브 선회 중의 타이어에는 '횡력'과 '원심력'이 동시에 작용한다.

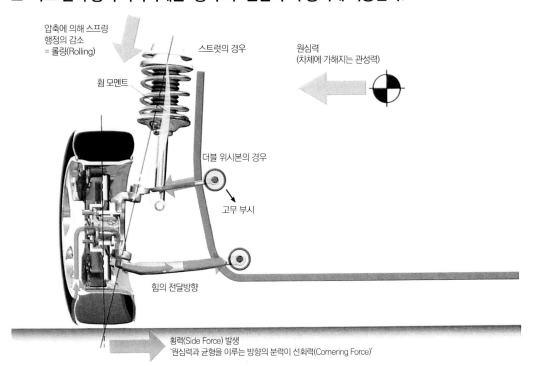

압축에 의해 스프링
행정의 감소
= 롤링(Rolling)

스트럿의 경우

원심력
(차체에 가해지는 관성력)

휠 모멘트

더블 위시본의 경우

고무 부시

힘의 전달방향

횡력(Side Force) 발생
'원심력과 균형을 이루는 방향의 분력이 선회력(Cornering Force)'

핸들을 꺾으면 타이어가 노면과의 사이에서 비틀리면서 방향을 바꾸어간다. 그 과정에서 옆으로 미끄러짐에 의한 마찰력(횡력)이 발생한다. 스프링 위에서는 커다란 관성력이 작용하면서 원심력에 의하여 롤링(Rolling)이 발생한다. 노면의 상태나 가·감속 조작에 따라서는 추가로 피칭(Pitching)도 발생한다. 타이어 접지면에서 발생한 횡력은 차륜을 통하여 차체로 전달된다. 그 결과 더블 위시본이라면 어퍼 암(Upper Arm)이 외측으로 밀려가고, 스트럿(Strut)이라면 상단을 밖으로 밀어내는 휠 모멘트가 작용한다. 여기까지의 과정을 보는 것만으로도 자동차의 운동이란 여러 방향에서 다양한 종류의 힘이 작용하고, 그들의 균형에 의하여 복잡하게 변화를 계속하는 움직임이라는 것을 이해할 수 있을 것이다.

■ 순간 롤(Roll) 중심과 롤 모멘트의 상관관계

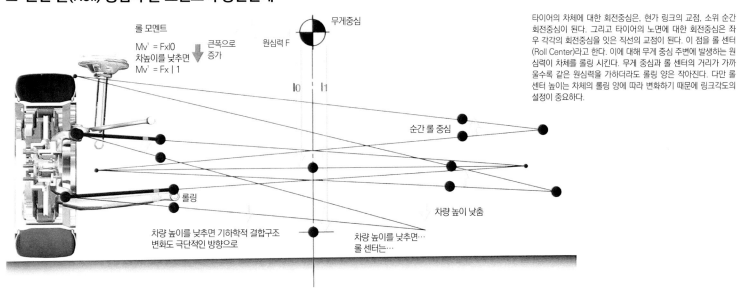

무게중심

롤 모멘트

$Mv' = Fxl0$
차높이를 낮추면
$Mv' = Fx l 1$

큰폭으로
증가

원심력 F

$l0$ $l1$

순간 롤 중심

롤링

차량 높이 낮춤

차량 높이를 낮추면 기하학적 결합구조
변화도 극단적인 방향으로

차량 높이를 낮추면…
롤 센터는…

타이어의 차체에 대한 회전중심은, 현가 링크의 교점, 소위 순간 회전중심이 된다. 그리고 타이어의 노면에 대한 회전중심은 좌우 각각의 회전중심을 잇는 직선의 교점이 된다. 이 점을 롤 센터(Roll Center)라고 한다. 이에 대해 무게 중심 주변에 발생하는 원심력이 차체를 롤링 시킨다. 무게 중심과 롤 센터의 거리가 가까울수록 같은 원심력을 가하더라도 롤링 양은 작아진다. 다만 롤 센터 높이는 차체의 롤링 양에 따라 변화하기 때문에 링크각도의 설정이 중요하다.

■ 롤링(Rolling)은 로어 암 각도에 따라 증감된다.

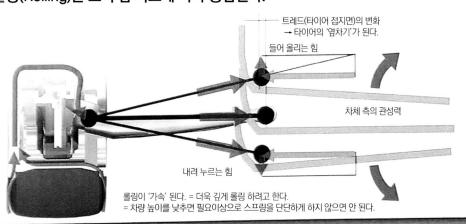

트레드(타이어 접지면)의 변화
→ 타이어의 '옆차기'가 된다.

들어 올리는 힘

차체 측의 관성력

내려 누르는 힘

롤링이 '가속' 된다. = 더욱 깊게 롤링 하려고 한다.
= 차량 높이를 낮추면 필요이상으로 스프링을 단단하게 하지 않으면 안 된다.

표준상태에서 설정한 차량 높이는, 이상과 같은 기하학적 요인을 모두 고려한 다음에, 자동차의 움직임을 상정한 범위 내에 수용하는 것을 전제로 하고 있다. 즉 목적과 의미가 있어서, 시작부터 그 높이가 설정되어 있다. 시중에서 판매되는 '다운 현가장치'의 종류는 그와 같은 역학적 설정을 고려하지 않고, 그저 지상 높이만을 낮추기 위한 것이 적지 않다. 특히 일상영역에서 자동차의 움직임에 위화감을 주는 경우가 많으므로 부디 주의하길 바란다.

■ 조향축(Steer axis) / 가상 조향축(Virtual steer axis)

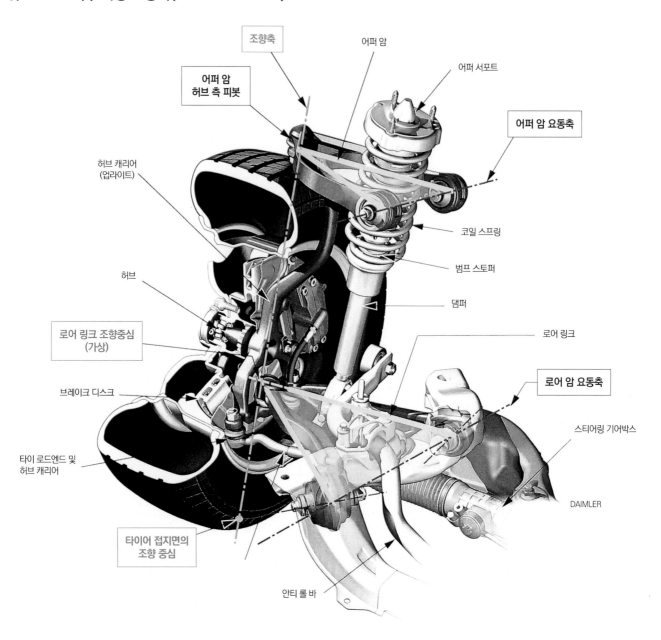

조향축

어퍼 암

어퍼 암 허브 측 피봇

어퍼 서포트

어퍼 암 요동축

허브 캐리어 (업라이트)

코일 스프링

범프 스토퍼

댐퍼

허브

로어 링크 조향중심 (가상)

로어 링크

로어 암 요동축

브레이크 디스크

스티어링 기어박스

타이 로드엔드 및 허브 캐리어

DAIMLER

타이어 접지면의 조항 중심

안티 롤 바

그런데, 현가장치(懸架裝置)와 조향장치(操向裝置)는 서로 불가분의 관계를 가진 시스템이다. 또한 자동차용 조향장치의 원점은, 좌우가 독립된 조향축(좌우 휠의 회전중심축)을 갖는 킹핀 식이다. 이 기구는 지면에 대한 캠버를 임의로 설정하는, 조향에 따라 차륜의 얼라인먼트를 변화시키는 기능도 갖고 있다. 이윽고 시간이 지나며 자동차의 현가장치가 진화하면서 조향축은 가상화된다. 조향축이 실존하는 것과 같은 크기의 허브 캐리어를 휠 안에 넣는 것이 곤란하게 된 점과 아울러, 기술의 향상으로 가상화하더라도 특별히 문제가 없게 된 점이 그 이유이다. 그리고 어느 시기부터는 암을 분할링크로 구성하여, 차체 자세에 따라 가상 조향축의 위치를 제어함으로써, 보다 고도의 조종성과 안정성을 동시에 추구하는 시스템도 등장하였다. 이것이 멀티링크식이다.

각각의 조향축 위치는 삽화를 참고하기 바란다. 한편, 주행 중인 현가장치에는 여러 방향에서 다양한 종류의 힘이 작용한다. 그에 따라 링크 사이에서 상호 운동의 간섭으로 인한 마찰 증대나, 그 영향 때문에 설계 시에 의도한 대로 움직임이 실현되지 않는 문제도 발생한다. 컴퓨터 시뮬레이션을 통한 해석을 도입하더라도 모든 요소를 완전히 파악할 수는 없다. 그러한 배경도 있으므로, 최근 수년간 기하학적 결합구조를 비롯하여 가상적인 요소는 가급적 폐지하고 기계적인 구조와 물리적인 움직임 자체로 현가장치의 능력을 높이는 방향으로 재검토되었다. 그 구체적인 예가, 22페이지에 소개되는 Peugeot 407이나, 34페이지의 Renault MEGANE RS가 사용한 '조향축 실존형' 현가장치이다. 이들의 공통점은 조향축이 실존함과 동시에, 허브 측의 조향기구를 조향 이외의 움

직임으로부터 해방시키는 발상이다. 차체의 움직임과 노면으로부터의 힘을 지지하는 기구와, 조향기구를 완전히 분리한다. 이렇게 함으로써 조향기구는 현가장치나 차체의 움직임에 영향을 받는 일 없이, 조향의 정확성을 최대한으로 확보할 수 있다. Renault 방식에서는 종래의 스트럿이 가지고 있던 약점을 거의 해소하였다. 킹핀 오프셋이나 스크러브 반경(Scrub Radius)도 작거나 혹은 제로로 할 수 있고, 지면에 대한 캠버도 적정화할 수 있다. 더 나아가서 조향축이 타이어 안에 있으므로, 조향축을 중심으로 한 타이어 좌우의 중량배분이 균형 잡혀있기 때문에, 미세한 조향각으로부터 큰 조향각에 이르기까지의 조향 감각(Feeling)도 향상시킬 수 있다. 앞으로 사용 기회가 늘어날 것으로 주목되는 기구이다.

스트럿과 더블 위시본의 조향축의 차이

① 위쪽 피봇
② 아래쪽 조향중심
③ 접지면에서의 조향중심

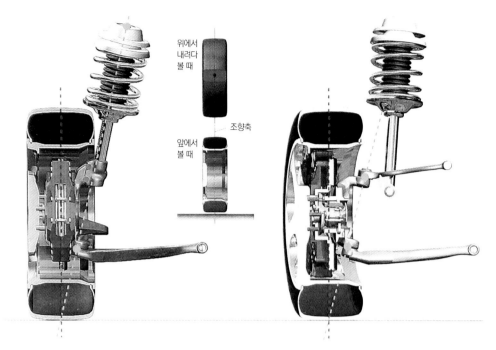

위에서
내려다
볼 때

조향축

앞에서
볼 때

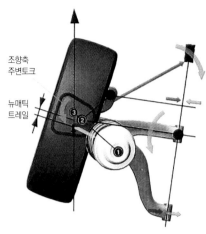

조향축
주변토크

뉴매틱
트레일

더블 위시본의 조향축은, 위쪽 암과 아래쪽 암의 피봇 중심점을 잇는 직선이 된다. 스트럿의 경우는 상부링크를 겸하는 유닛 상단의 중심부와 아래쪽 암의 피봇 중심점을 잇는다. 조향축과 타이어 접지면의 중심과의 거리가 스크러브 반경이다. 조향축이 내측으로 오는 경우를 포지티브 오프셋, 외측으로 가는 경우를 네거티브 오프셋이라고 한다. 위에서 내려다 본 경우는 대체로 위의 삽화와 같은 위치를 형성하고 있다.

가상 조향축 / 더블 위시본 식(Audi A6)

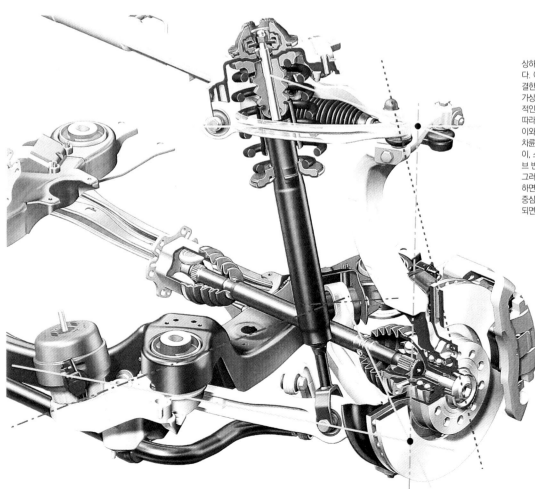

상하의 암을 앞쪽과 뒤쪽으로 분할하고 복수의 링크로 한다. 이 경우, 조향축은 각 링크의 내측과 외측의 피봇을 연결한 선의 교점을 상하로 연결한 가상축이, 조향축이다. 이 가상 조향축은 조향으로 인한 각 링크의 운동에 따라 상대적인 위치와 각도가 변화하기 때문에, 조향중심도 상황에 따라서 변화한다.

이와 같은 동적인 기하학적 결합구조를 이용하여, 차체와 차륜의 상대운동이 양호하게 유지되는 범위를 확장하는 것이, 소위 멀티 링크 현가장치의 목적이다. 최초에는 스크러브 반경의 영향이 큰 아래쪽 암의 분할로부터 시작되었다. 그러나, 조인트나 링크종류에 상정한 힘보다 큰 힘이 작용하면서 마찰이 늘어나 순조롭게 움직일 수 없는 경우, 조향중심이 설계한 의도대로의 가상점이 되지 않는다. 이렇게 되면 링크종류의 강도·강성 확보에도 어려움이 따른다.

앞 현가장치에 대한 관점
(Viewpoint of **front suspension**)

차체의 앞부분에 엔진을 탑재하고 앞바퀴를 구동하여 달리는 이른바 「FF」 구동 방식은, 제조 나라나 메이커를 불문하고 대부분의 자동차는 파워 패키지 레이아 웃(Power Package Layout)을 사용한다. 그리고 그 대부분이 엔진과 트랜스 액슬을 차량 진행 방향에 대하여 옆으로 배치하는 통칭 'Giacosa식' 구성으로 되어 있다.

이 배치에서는, 파워 패키지가 횡 방향으로 장착되어 큰 공간이 필요하므로 앞 현가장치에 필요한 공간 및 그 형상이 제한되기 때문에, 주류는 맥퍼슨 스트 럿 식이다. 예전의 FF차는, 전륜이 조향과 구동(驅動)을 겸하고 있었으므로 후 륜의 타이어보다 전륜의 타이어가 그립 한계에 도달하기 쉽고, 언더 스티어 (Under Steer)가 강해서 '잘 돌지 않는다' 라고들 했다. 그 대책으로서 앞 현 가장치의 롤 하중을 늘리기 위하여 롤 센터를 낮추고, 전후 밸런스에서 앞부분 이 처지게 롤 축을 설정한다는 논리였지만, 요즈음에는 섀시나 타이어의 성능 이 높아짐에 따라 앞 현가장치의 롤 센터를 높이고, 롤 축을 거의 수평으로 설 정하고 있다. 그러므로 일상영역의 주행감각에는 후륜 구동차와 구별이 잘 안 되는 경우가 많다. 롤의 주도권이 앞에 있고, 코너링 시에 앞쪽 안쪽 바퀴의 접 지가 반드시 되므로, 그냥 설계한다고 하여도 특별히 신경을 쓰지 않아도 되는 조종성이다. 기하학적 결합구조(지오메트리)의 설정 포인트는 구동력의 ON/ OFF나 범프 스티어(Bump Steer) 에 따라 진로가 흐트러지지 않도록, 토(Toe) 변화를 가급적 억제하도록 배치해야한다. 이것에 주목해 가면서 각 차량의 설정 을 비교해 보길 바란다.

Volkswagen SCIROCCO

뒤 현가장치에 대한 관점
(Viewpoint of **rear suspension**)

FF차의 후륜은 구동도 조향도 하지 않고, 속도에 따라 구르
기만 하는 '유동륜(遊動輪)'이다. 기대되는 역할은 중량을 지
지하고, 감속 방향의 회전력 및 선회 시의 횡력에 견디어 차
륜의 접지상태를 안정시키는 것 정도이다. 그러므로 소형차
에서는 차량실내 공간 확보와 비용측면에서 유리하여, 대부
분의 차종이 토션 빔 액슬방식을 사용하고 있다. 그러나 사
실 FF차의 뒤 현가장치는 직진 안정성을 크게 좌우하는 요소
이기도 하다. '똑바로 달리게 하는' 방향타로서의 역할도 담
당하고 있으므로, 토(Toe) 변화가 일어나지 않는 토션 빔 식
은 이런 측면에서 보면 사용이 타당하다. 하지만 수년전부터
새로운 흐름이 나타나고 있다. 중형차 이상에서 중량이 늘어
나는 경우나, 4륜구동차(대부분의 경우는 소위 「생활 4륜 구
동」이지만) 이외에도, 간단한 독립현가식을 사용하면서 경미
한 토 및 캠버를 컨트롤함으로써, 적극적으로 안정성을 높이
려는 시도이다. 전체적으로 차체 크기와 중량이 증가한 영향
이라 생각할 수도 있지만, 이 점에서 선구자 역할을 하고 있
는 것은 VW의 Golf V나 Passat 등에 사용하고 있는 'PQ35
플랫폼'이다. Golf VI나 Scirocco에서도 이러한 뒤 현가장치
의 구성은 답습(踏襲)되었다. 그러나 일부 메이커에서는 과
잉일 정도로 토를 컨트롤하여, 그 영향으로 직진성이 악화되
어 있는 예도 여기저기서 나타나고 있다. 토의 제어는 적당
한 수준으로 하고, 오히려 각 부분의 강성을 확실히 확보하
는 것이야 말로 주행 안정성을 높이는 중요한 요소이다.

서 스 펜 션 도 감 **1**

전륜 구동차의 현가장치
Suspension illustrated 1 : Front-wheel drive car

일반 운전자용 승용차에서 특히 C Segment 이하에서는 그 대부분을 점하고 있는 FF방식.
전세계 자동차 메이커가 개발에 주력하여 온 덕분에, 조종성 안정성은 장족의 진보를 이루고 있다.
최신 FF용 현가장치의 구성과 새로운 조류에 대하여 정리해 보았다.

▶ CIROEN C4 / PEUGEOT 307

원점으로 되돌아간 '긴 댐퍼 행정'의 위력을 통감, 댐퍼의 용량·구조에도 기술이 있다.

삽화 : Citroen / Peugeot 사진 : MFi

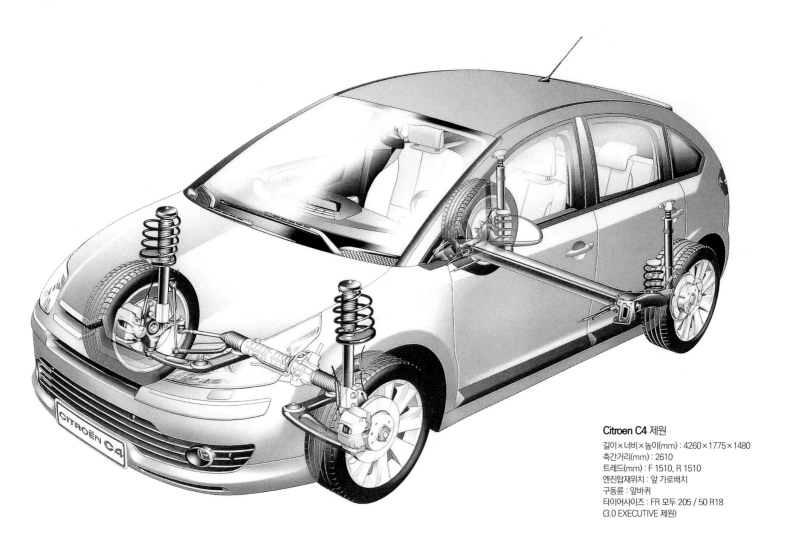

Citroen C4 제원
길이×너비×높이(mm) : 4260×1775×1480
축간거리(mm) : 2610
트레드(mm) : F 1510, R 1510
엔진탑재위치 : 앞 가로배치
구동륜 : 앞바퀴
타이어사이즈 : FR 모두 205 / 50 R18
(3.0 EXECUTIVE 제원)

한 마디로 '졌다!'. 이것이 Citroen C4의 시승을 끝낸 뒤의 느낌이었다. 내가 통상 시승 시에 이용하고 있는 곳은 주변의 일반도로이다. 그렇다 하더라도 다양한 노면이나 경사의 형태를 두루 갖추고, 현가장치의 특성이나 보디 강성을 대강은 체크할 수 있도록 루트가 설정되어 있다. 그 중에서 소위 '무지개다리' 형상으로 된 상당히 심한 경사가 있는 곳도 있다. 이곳을 통과할 때 쇼크업소버가 바닥에 닿지 않은 자동차는 이 Citroen C4 처음이었다. 그 후 기본 컴포넌트를 공용하는 Peugeot 307도 시승하였으며, 역시 바닥에 닿는 느낌 없이 매우 원활하게 달렸다. 도대체 어떠한 구조로 되어 있 길래 이런 승차감을 실현하고 있는 것일까? 조사해보니 사실은 매우 간단하였다. Citroen 및 Peugeot가 습관적으로 말하는 '행정 감이 가득 찬 승차감'은, 실제로 길고 큰 현가장치 행정로 실현하고 있었다. 앞 220mm, 뒤 270mm. 이

것이 이번에 시승한 두 차가 갖는 현가장치 행정이다. 일반적으로 일본에서 생산된 같은 등급의 차량에는 앞이 180mm, 뒤는 220mm정도이며, 대형차라 하더라도 기껏해야 앞 200mm, 뒤 240mm 정도이다. 다른 유럽 차량에서도 이렇게까지 긴 행정를 가진 자동차는 기억에 없다. 부연하자면 월드랠리챔피언십(WRC · World Rally Championship) 머신(car)은 법규정으로 행정이 250mm로 규제되어 있다. 이것보다 20mm나 더 긴 행정를 확보하고 있기 때문에, 행정 '감'을 못 느끼는 것은 오히려 이상하다고 할 수 있다. 수치는 모두 기계적 치수라고 하더라도, C4 및 307 이 두 종류의 차량이 우수한 유효 행정를 확보하고 있는 것은 보증할 수 있다.

그 다음으로 판명된 사실은, 댐퍼의 피스톤에 앞/뒤 모두 지름이 ø36mm로 큰 제품을 사용하고 있다. 피스톤 직경은 승차감이나 자동차 전체의 움직임의 질적인

느낌에 커다란 영향을 주는 요소이다. 이것도 일본산 동급에는 앞 ø30~32mm, 뒤 ø25~30mm 정도이다. 대형차라도 ø35mm를 사용하고 있는 경우는 드물다.

ø36mm라는 큰 지름의 피스톤이 만들어내는 재빠른 감쇠의 시작

댐퍼에서 피스톤 직경 4~6mm 차이는 매우 크며 실질적인 효과도 헤아릴 수 없다. 댐퍼의 오일에는 미량이지만 가스가 혼입되어 있으며 이 가스가 압축성에 영향을 미쳐, 감쇠력이 시작될 때 까지 행정의 헛 놀림 감, 차체가 들뜨는 감 등을 느끼게 하는 요인의 하나이다. 이것을 해결하기 위해서 다양한 방안이 연구되어 왔으나, 가장 쉬운 방법은 피스톤의 직경을 키우는 일이다. 직경이 커질수록 압력을 받는 면적이 늘어나면서 압력 피

4 사진 **1** Citroen C4 및 Peugeot 307의 댐퍼에 사용 되고 있는 피스톤 부분에 내장되어 있는 밸브이다. 스프링의 상단에 돔(dome) 형상의 밸브를 장착한 '체크 밸브'와, 체크 밸브 각각을 넣는 '밸브 보디'로 구성되어 있는 '포핏 밸브' 의 구조이다. 각각의 체크 밸브 머리 높이가 다른 점에 주목하기 바란다. 밸브 보디의 구멍 깊이와, 표면까지의 돌기부 길이 즉, 구멍 자체의 행정이 각각 다르기 때문에 이러한 상태가 된다. 이것을 사진 **2** 우측의 디스크에 조합한 후, 사진 **3** 의 상태로 하여 로드(Rod)에 조립한다. 디스크의 윗면에 나있는 체크 밸브를 넣는 구멍의 크기가 각각 다르다는 점에도 주목하길 바란다. 이 구멍 직경의 차이 때문에 4개의 체크 밸브에 흐르는 오일의 최대 유량(流量)과, 리프트량에 따른 유량이 변화되고 있다. 사진 **4**는 포핏 밸브를 구성하는 부품이다. 스프링 상수와 길이가 다른 2종류만 사용하고 있지만, 밸브 보디 측 구멍과의 결합 따라, 임의의 사전 부하(Preload)를 설정할 수 있는 구조로 되어 있다. 구성요소는 간단하면서 매우 다채롭고도 미묘한 셋업(setup)이 가능한 구조이다. 사진 **5**의 중앙이 Citroen C4와 Peugeot 307용 댐퍼의 피스톤이며, 좌우측은 일본산으로 우측이 앞 댐퍼용, 좌측은 뒤 댐퍼용 피스톤이다. 직경의 차이를 단번에 알 수 있다.

크도 내려간다. 아울러 같은 양의 행정에 대한 유량이 늘어남으로써 컨트롤(튜닝)의 폭이 늘어나고, 타이어가 노면에 닿는 감촉의 완만함이나, 행정이 반전(反轉)할 때에 느슨하지 않고 죄는 듯한 느낌 등이 더 좋다. 댐퍼의 기본적인 소성(素性·Original Character)은, 피스톤의 직경으로 결정된다고 하여도 과언이 아니다. 이번 기회에 Peugeot 및 Citroen의 댐퍼 스트러트의 주변에 관해서, 거의 알려진 적이 없는 것들에 대해서도 설명하고자 한다. 트윈 튜브식 댐퍼(Twin Tube Damper)에서는 압력을 받아 늘어나면서 반전(Inversion)할 때에, 체크 밸브가 리프트 상태에서 되돌아오는 행정에 요하는 시간 때문에, 행정의 헛 놀림 감, 더 나아가 차체가 붕붕 떠있는 느낌을 받게 된다. 이상적인 밸브는 '열리기 쉽고, 리프트 양도 있으며 강성이 큰' 것이지만, 통상의 디스크 밸브로는 이런 요구를 만족시키기 어렵다. 밸브의 강성을 높이면 열림이 어려워져 통과하는 시간당 유량(油量)이 부족하게 된다. Peugeot와 Citroen이 사용하고 있는 것은 '포핏 밸브(Poppet Valve)' 구조이다. 밸브의 보디 4 모서리에 구멍을 내고, 그 속에 각각 스프링이 있는 체크 밸브를 고정시킨다. 4개의 밸브는 밸브 보디 측의 구조와 스프링 상수에 따라, 각각 별도로 반응하는 압력을 조정할 수 있다. 댐퍼의 아주 미세한 움직임에도 반응하도록 가장 소프트한 밸브를 구비해 둘 수만 있다면, 댐퍼가 작동하는 순간부터 반응을 하게 된다. 나중에는, 큰 입력까지 4개의 밸브가 직선적으로, 또한 연속적으로 대응할 수 있도록 튜닝해주면 좋다. 피스톤 직경이 커 유량(油量)이 많기 때문에, 미세한 튜닝이 가능하여 양호한 승차감 실현에 크게 기여할 수 있다. 또한 앞쪽 댐퍼에는 롤을 규제하는 리바운드 스프링이 내장되어 있으며, 뒤 댐퍼는 원래 롤 강성이 높은 트위스트 빔으로써, 순조롭게 롤을 규제하고 있는 점에 대해서도 언급해 둔다. 이러한 상승효과로 인해 Citroen 과 Peugeot은 유연한 행정 실현은 물론, 차체의 운동이 항상 견실한 승차감을 실현하고 있다. 마법도 아니며 특별한 것도 없다. 현가장치 설계의 원점에서, 기본에 충실한 동시에 가급적 간단한 구조를 통해 구현하려는, 엔지니어들의 지혜의 산물이다.

**맥퍼슨 스트럿
(MacPherson Strut)**

구조적으로는 그 어떤 특별함도 없는 스트럿 방식이다. 그러나 ø36mm라는 큰 지름의 피스톤이 있는 것은 물론, 독자적인 밸브 구조를 가지고 있는 댐퍼와 긴 행정이 야기하는 승차감은 아주 좋다. 현가장치 구성 요소의 각 부분에서도 강도(强度)·강성(剛性) 확보를 위한 연구를 수행했다는 것을 여러 곳에서 알 수 있다. C4와 307는 셋업이 차별화되어 있다. 전체적으로는

C4는 행정이 늘어나는 동안, 차체 자세를 적극적으로 컨트롤하는 플랫 라이드(flat ride)를 지향했으며, 307은 어느 정도는 노면 형상에 따른 움직임을 보인다. 핸들링 특성도 307이 약간 확실한 인상을 준다. 그러나 장착되는 타이어(C4가 미쉘린(Michelin) 타이어, 307이 피렐리(Pirelli) 타이어)에도 차이가 있다는 것도 알아둘 필요가 있다.

Peugeot 307 제원
길이 ×너비×높이(mm) : 4210 × 1760 × 1530
축간거리(mm) : 2610
트레드(mm) : F 1495, R 1500
엔진탑재위치 : 앞 가로배치
구동륜 : 앞바퀴
타이어사이즈 : FR전체 205 / 50R17
(307 Griffe 제원)
※ 삽화는 일본에 도입되지 않은 307 세단

코일 스프링 & 댐퍼 유닛
댐퍼의 피스톤은 독자적인 포핏 밸브 구조로 되어 있다. 또 피스톤 직경은 ø36mm로 크다. 아울러 행정은 220mm나 된다. 지금까지 본 적이 없는 '긴 대퍼스트러트 행정'를 구축하여, 승차감, 조종성 및 안정성을 높은 수준으로 실현하고 있다.

안티 롤 바 링크
스트럿에 직접 부착. 휠 행정 1에 대하여 거의 1의 레버 비(比)로서 입력 효율을 높이고 있다.

타이 로드

스티어링 기어박스

드라이브 샤프트

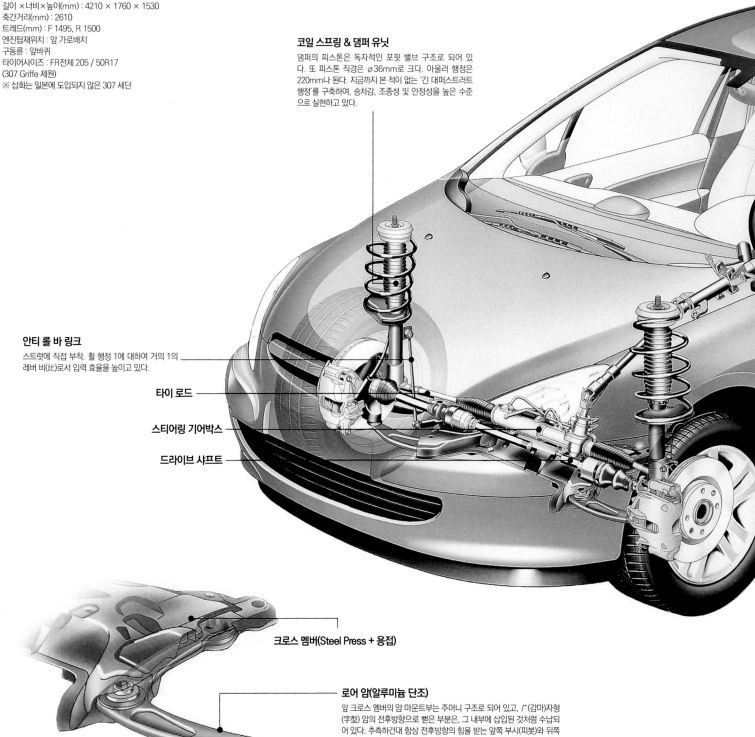

크로스 멤버(Steel Press + 용접)

로어 암(알루미늄 단조)
앞 크로스 멤버의 암 마운트부는 주머니 구조로 되어 있고, Γ(감마)자형(字型) 암의 전후방향으로 뻗은 부분은, 그 내부에 삽입된 것처럼 수납되어 있다. 추측하건대 항상 전후방향의 힘을 받는 앞쪽 부시(피봇)와 뒤쪽 부시의 사이를 직접 멤버에 끼워 넣음으로써, 강성의 향상을 도모하고 있는 것으로 보인다. 마운트부의 부시는 많은 용량을 확보하여 승차감을 좋게 한다.

FF차량으로서 뒤 현가장치도 정통 방식인 트위스트 빔 액슬식이다. 구성요소의 배치 상, 커플드 링크로 분류된다. 댐퍼와 스프링은 각각 개별적으로 만들어져 있으며, 스프링은 트레일링부의 후단에 직접 장착되어 있다. 댐퍼는 앞과 마찬가지로, ø36mm의 큰 피스톤, 행정 270mm라는 '긴 스트러트'를 구축하고 있다. 승차해 본 느낌은 조금 딱딱한 느낌을 받는 사람도 있겠지만, 어떠한 상황에서도 승차감이 크게 변하지는 않는다. 노면 상태가 양호하다고 할 수 없는 프랑스에서, 실제로 다양한 형태의 노면을 주행하여 얻을 결과를 가지고 셋업을 했다는 것을 충분히 알 수 있었다.

E-T-A-I

댐퍼

앞과 마찬가지로, 댐퍼의 피스톤은 포핏 밸브 구조이며 ø36mm로 직경이 크다. 더불어 행정은 270mm까지 연장되었으며, 넉넉한 행정과 큰 지름 및 많은 유량 때문에 완만한 움직임, 그것이 실현하는 섬세한 튜닝 등이 서로 어울려 아주 작은 입력에서 큰 입력까지의 변동에도 확실하게 기능을 다한다.

코일 스프링

트레일링 링크에 직접 장착됨. 높이를 낮게 억제한 구성으로서 넉넉한 행정을 확보하고 있다.

안티 롤 바

트위스트 빔 자체에 나사로 고정하고, 빔 내부를 관통하여 배치 장착됨. 트위스트 빔 식 뒤 현가장치에서는 상식이라고 할 수 있는 구성이다.

보디 마운트

잘 안보이지만, 빔은 사진 아래쪽의 대용량 부시를 통해 마운트 베이스에 고정되고, 베이스는 4곳에서 보디와 접합되는 구조이다. 특별히 뛰어난 작품은 아니지만, 세부적으로 강도·강성 확보에 고심한 흔적을 알 수 있다.

트레일링 부(강철·프레스 + 용접)

트레일링 부분, 트위스트 빔 부분 및 댐퍼 마운트 부분들을 프레스로 성형하고, 용접으로 결합시킨, 잘 알려진 제작법이다. 댐퍼의 아래쪽 마운트는 트레일링 부분의 후단에 피봇(Pivot)되어 있다. 이렇게 배치함으로써 댐퍼가 약간 앞으로 기운 듯하게 장착되어 있지만, 도중에 차축의 거의 중심부분을 관통하고 있기 때문에 입력효율이 그리 나쁘지 않을 것이라는 것을 추측할 수 있다.

➤ PEUGEOT 407

종전과는 완전히 다른 발상을 하여, 모든 것을 논리적으로 관찰하여 새롭게 '디자인'한 구성, 사소한 부분에서도 보이는 세심한 배려에도 감탄!

삽화 : Citroen / Peugeot   사진 : MFi

PEUGEOT 407 제원
길이×너비×높이(mm) : 4685×1840×1460
축간거리(mm) : 2725
트레드(mm) : F 1555, R 1510
엔진탑재위치 : 앞 가로배치
구동륜 : 앞바퀴
타이어사이즈 : FR 모두 235 / 45 R18
(3.0 EXECUTIVE 제원)

달리고, 선회하고, 정지한다. 자동차의 중요한 기본역할을 나타내는 것으로서, 예전부터 사용되어 온 단어들이다. 이 세 가지 모두와 깊은 관련이 있는 것이 현가장치 시스템이다. 하지만, 요즈음은 이것에 대하여 깊이 있게 다룬 기사나 자료를 찾아보기가 매우 힘들다. 곰곰이 생각해보면 기술의 발전으로 인해, 보잘 것 없는 완성품 현가장치가 그다지 눈에 띄지 않는 것이 그 이유의 하나일 것이다. 대부분의 자동차가 전체적으로 100점 만점에 85점 정도의 수준에 도달되어 있다고 판단된다. 반면, '자동차 애호가'의 측면에서 보면, 완성도에서 한참 못 미치는 현가장치도 아직은 많다. 게다가 그 다음 단계에서 개선해야 할 부분도 그렇게 많지 않아, 투입되는 노력이나 비용에 비하여 시장의 평가(단적으로 말하면 판매대수)가 높아지는 것도 아닐 것이다. 그러면 아주 일반

적인 사용자에게 특별히 불만이 없는 수준으로 완성하여 '그런대로 좋아' 라는 판단을 받아도 이상할 것은 없다. 또 하나의 이유는 현가장치는 '잘 보이지 않는다', '알기 어렵다' 는 것도 포함된다고 생각이 든다. 구조도나 사진을 자세히 보더라도, 어느 부품이 어떤 역할을 하고 있는지, 어떻게 움직이며 기능하고 있는지 등을 판단하기가 매우 어렵다. 하물며, 최근에는 설계요소 중에서도 '공간절약'에 대한 우선 순위가 높아지면서, 복잡한 구조로 된 현가장치가 늘어나고 있기 때문에 더욱 알기 어려워지고 있는 것도 현실이다. 부연하자면 확실히 현가장치는 알기 어렵다. 그러나 알기 어려운 만큼 그 기술은 깊으며, 한편 흥미롭기까지 하다. 여러 가지의 현가장치 구조를 보고, 구조와 작동을 살펴 어느 정도 '알 수 있게' 된다면, 그 자동차 전체가 어떠한 개념을 기초로 하여 만

들어져 있는지 까지를, 금방 알 수 있는 경우도 적지 않다. 이 자료가 독자들에게 현가장치에 대해 잘 알 수 있도록 도움을 준다면 매우 기쁘겠다.

모든 것이 고급 가구처럼 「디자인」되어있다.

이번의 주제는 Peugeot의 D Segment를 등에 업고 만든 407이다. 예전부터 기회가 있을 때마다 시승하면서 자연스런 조향 감각이나 높은 직진성, 그리고 움직임의 마무리가 좋다는 것을 접해 왔다. 또다시 이번에 시승하고 또 실물로 구조를 확인해보니, 절실히 '주인공'의 차이를 느낄 수 있었다. 이 자동차의 현가장치의 핵심은 크게 나누어서 2가지이다. 우선, 앞에 '실존 조향축'

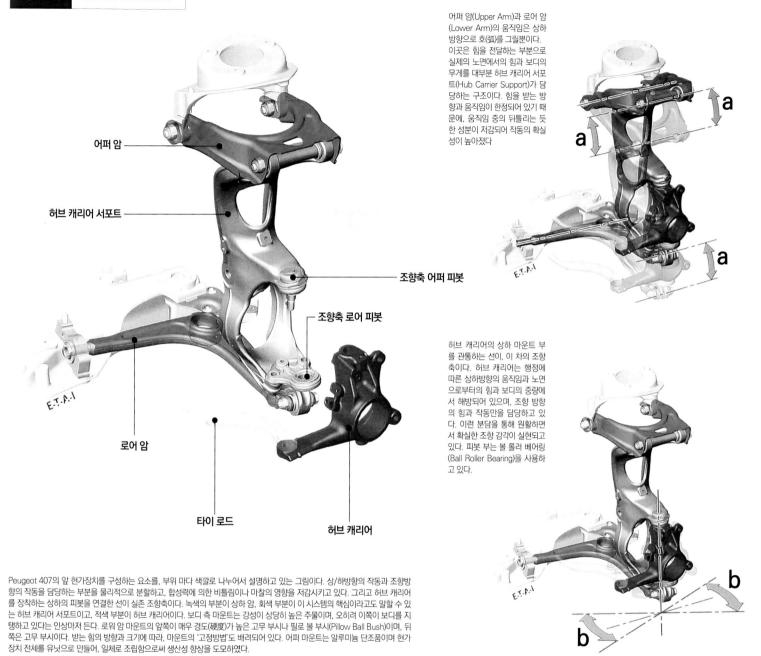

어퍼 암(Upper Arm)과 로어 암
(Lower Arm)의 움직임은 상하
방향으로 호(弧)를 그릴뿐이다.
이곳은 힘을 전달하는 부분으로
실제의 노면에서의 힘과 보디의
무게를 대부분 허브 캐리어 서포
트(Hub Carrier Support)가 담
당하는 구조이다. 힘을 받는 방
향과 움직임이 한정되어 있기 때
문에, 움직임 중의 뒤틀리는 듯
한 성분이 저감되어 작동의 확실
성이 높아졌다

허브 캐리어의 상하 마운트 부
를 관통하는 선이, 이 차의 조향
축이다. 허브 캐리어는 행정에
따른 상하방향의 움직임과 노면
으로부터의 힘과 보디의 중량에
서 해방되어 있으며, 조향 방향
의 힘과 작동만을 담당하고 있
다. 이런 분담을 통해 원활하면
서 확실한 조향 감각이 실현되고
있다. 피봇 부는 볼 롤러 베어링
(Ball Roller Bearing)을 사용하
고 있다.

어퍼 암

허브 캐리어 서포트

조향축 어퍼 피봇

조향축 로어 피봇

로어 암

타이 로드

허브 캐리어

Peugeot 407의 앞 현가장치를 구성하는 요소를, 부위 마다 색깔로 나누어서 설명하고 있는 그림이다. 상/하방향의 작동과 조향방
향의 작동을 담당하는 부분을 물리적으로 분할하고, 합성력에 의한 비틀림이나 마찰의 영향을 저감시키고 있다. 그리고 허브 캐리어
를 장착하는 상하의 피봇을 연결한 선이 실존 조향축이다. 녹색의 부분이 상하 암, 회색 부분이 이 시스템의 핵심이라고도 말할 수 있
는 허브 캐리어 서포트이고, 적색 부분이 허브 캐리어이다. 보디 측 마운트는 강성이 상당히 높은 주물이며, 오히려 이쪽이 보디를 지
탱하고 있다는 인상마저 든다. 로어 암 마운트의 앞쪽이 매우 경도(硬度)가 높은 고무 부시나 필로 볼 부시(Pillow Ball Bush)이며, 뒤
쪽은 고무 부시이다. 받는 힘의 방향과 크기에 따라, 마운트의 '고정방법'도 배려되어 있다. 어퍼 마운트는 알루미늄 단조품이며 현가
장치 전체를 유닛으로 만들어, 일체로 조립함으로써 생산성 향상을 도모하였다.

을 가지고 있다는 점이다. 조향축(Steer Axis)이란, 앞
타이어의 방향을 바꾸기 위한 지지(支持) 방법이라고 생
각해도 된다. 오래전 마차시대에 앞 차축을 차체 중앙의
지지점으로 조향시키던 센터피봇 방식(제오륜 조향)에
서 시작되었고, 좌우차륜 분할식으로 진화한 단계인 '킹
핀'에 이르러 구현되었다. 당시에는 타이어가 방향을 바
꾸고, 하중의 지탱만을 하는 구조이기만 하면 되었다. 그
후 승차감, 조종성, 안정성 및 더 나아가서는 안전성 등,
여러 가지 복잡한 요구에 대응할 필요가 생겼다. 이러한
요구에 대응해서 만들어진 것이, 소위 멀티 링크 현가장
치인 '가상 조향축' 이라는 것이다. 메이커는 현가장치의
작동에 따라 변동하는 타이어의 접지면 중심을, 항상 조
향축 중심 부근에 두고 싶어 한다. 그러기 위해서 요소
(要所)인 암을 분할하여 기하학적인 움직임을 실현시킨

다는 발상이었지만, 실제로는 각 부의 마찰이나 휨 등으
로 인해, 탁상에서 계산한 대로의 움직임을 실현시킬 수
없는 경우도 많다. 407의 앞 현가장치는 조향을 위한
기구와, 각각의 방향에서 힘을 받아 움직이는 상하운동
을 위한 기구를 물리적으로 분할시키고, 각각의 작동에
방해가 되는 요소를 가능한 한 배제시키고 있다. 그리
고 큰 직경의 휠 사용을 전제로 요소(要所)에 볼 조인트
를 사용한다. 마운트 부분도 힘을 받는 방법에 따라 고
무나 나사를 구별해 사용하는 등, 모든 면에서 논리적으
로 관찰하여 '디자인' 하였다. 다른 하나의 포인트는 뒤
서브프레임(Rear Sub-Frame)구조이다. 통상 FF차량
뿐만 아니라, 현가장치의 마운트인 서브프레임(Cross
Member)은 '井'자 형상 등의 '평평한' 구조물로 되어
있다. 이에 비해, 407의 서브프레임은 중앙부가 각(角)

단면을 지닌 큰 파이프로, 좌우 각 부품을 실제로 마운
트 하는 피봇이 집중되어 있는 부분이 주물로, 게다가
돔을 반으로 자른 듯한 입체적인 구조로 되어 있다. 매
우 노력하여 만든 작품으로서 실물을 보면, 그 튼튼함이
한 눈에 들어온다. 부연하자면 좌우 부위가 똑같고 복잡
한 제조법을 통해, 주물로 된 구조를 앞쪽의 서브프레임
부분에도 사용하고 있으며, 이정도가 되면 이미 '서브프
레임'이 아니라 '프레임'이라고 불러야 할지도 모를 제
품이 되어 있다. 오늘날 자동차에 요구되는 요소를 '처
음부터 재검토하고 그에 따라 말 그대로 제로로부터 다
시 디자인하면 현가장치는 이렇게 된다'는 견본과 같은
설계와 마무리이다.

다시 한번 전체 구조를 보자. 덧붙이자면 이 구조에서는 캠버 조정이 불가능하다. 즉 제조 및 조립 정밀도를 추구하고 있거나, 혹은 조립에 의한 정밀도의 불규칙함을 해소할 수 있는 설계를 실행하고 있다. 이것은 동시에 헛 놀림이 작은 조향감각에도 기여하고 있다. 거의 모든 부품이 기계 가공으로 만들어진 것에도 주목하자. 참신

한 구조이면서도 쓸데없는 비용이 들지 않도록 유의하여 설계하였다는 것을 알 수 있다. 공업디자인의 견본과 같은 시스템이다. 그리고 전체적으로 고정 방법이 튼튼하며 고무 부시종류도 미세 진동에 대응하기 위한 필요 최소한으로 장착되어 있다는 인상이 든다.

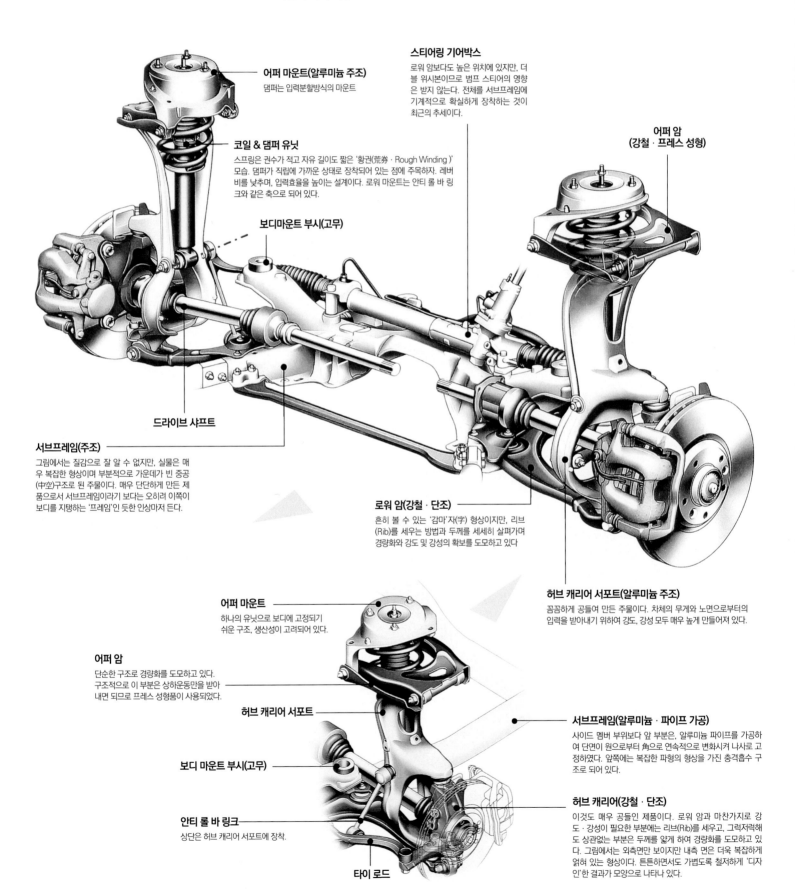

어퍼 마운트(알루미늄 주조)
댐퍼는 입력분할방식의 마운트

스티어링 기어박스
로워 암보다도 높은 위치에 있지만, 더블 위시본이므로 범프 스티어의 영향은 받지 않는다. 전체를 서브프레임에 기계적으로 확실하게 장착하는 것이 최근의 추세이다.

어퍼 암
(강철 · 프레스 성형)

코일 & 댐퍼 유닛
스프링은 권수가 적고 자유 길이도 짧은 '황권(荒券 · Rough Winding)' 모습. 댐퍼가 직립에 가까운 상태로 장착되어 있는 점에 주목하자. 레버비를 낮추며, 입력효율을 높이는 설계이다. 로워 마운트는 안티 롤 바 링크와 같은 축으로 되어 있다.

보디마운트 부시(고무)

드라이브 샤프트

서브프레임(주조)
그림에서는 질감으로 잘 알 수 없지만, 실물은 매우 복잡한 형상이며 부분적으로 가운데가 빈 중공(中空)구조로 된 주물이다. 매우 단단하게 만든 제품으로서 서브프레임이라기 보다는 오히려 이쪽이 보디를 지탱하는 '프레임'인 듯한 인상마저 든다.

로워 암(강철 · 단조)
흔히 볼 수 있는 '감마'자(字) 형상이지만, 리브(Rib)를 세우는 방법과 두께를 세세히 살펴가며 경량화와 강도 및 강성의 확보를 도모하고 있다

허브 캐리어 서포트(알루미늄 주조)
꼼꼼하게 공들여 만든 주물이다. 차체의 무게와 노면으로부터의 입력을 받아내기 위하여 강도, 강성 모두 매우 높게 만들어져 있다.

어퍼 마운트
하나의 유닛으로 보디에 고정되기 쉬운 구조, 생산성이 고려되어 있다.

어퍼 암
단순한 구조로 경량화를 도모하고 있다. 구조적으로 이 부분은 상하운동만을 받아내면 되므로 프레스 성형품이 사용되었다.

허브 캐리어 서포트

서브프레임(알루미늄 · 파이프 가공)
사이드 멤버 부위보다 앞 부분은, 알루미늄 파이프를 가공하여 단면이 원으로부터 角으로 연속적으로 변화시켜 나사로 고정하였다. 앞쪽에는 복잡한 파형의 형상을 가진 충격흡수 구조로 되어 있다.

보디 마운트 부시(고무)

허브 캐리어(강철 · 단조)
이것도 매우 공들인 제품이다. 로워 암과 마찬가지로 강도 · 강성이 필요한 부분에는 리브(Rib)를 세우고, 그럭저럭해도 상관없는 부분은 두께를 얇게 하여 경량화를 도모하고 있다. 그림에서는 외측면만 보이지만 내측 면은 더욱 복잡하게 얽혀 있는 형상이다. 튼튼하면서도 가볍도록 철저하게 '디자인'한 결과가 모양으로 나타나 있다.

안티 롤 바 링크
상단은 허브 캐리어 서포트에 장착.

타이 로드

**더블 위시본
(Double Wishbone)**

앞 모델인 406과 기본적인 목적은 공통적이지만, 이러한 구조로 다시 디자인 하여, 그 표현 방법과 제조법이 새롭게 되었다. 승차감은 딱딱한 감이 있지만 툭툭 치받치거나 우당탕 하는 느낌은 전혀 없다. 이 등급에서는 전자제어식 댐퍼가 사용되고 있지만, 그 움직임에도 부자연스러움을 느끼게 하는 일은 없다.커다란 입력을 확실하게 흡수하며, 신장(伸長) 측만을 섬세하게 억제하는 듯한 자연스러운 느낌이다. 전자제어를 잘 다룬 예라고 할 수 있다. 단 한 가지, 많이 기울어지게 설치된 댐퍼의 각도가 조금 신경이 쓰이긴 하지만, 실제로 주행 중에 특별히 걱정할 만한 작동은 느낄 수 없었다.

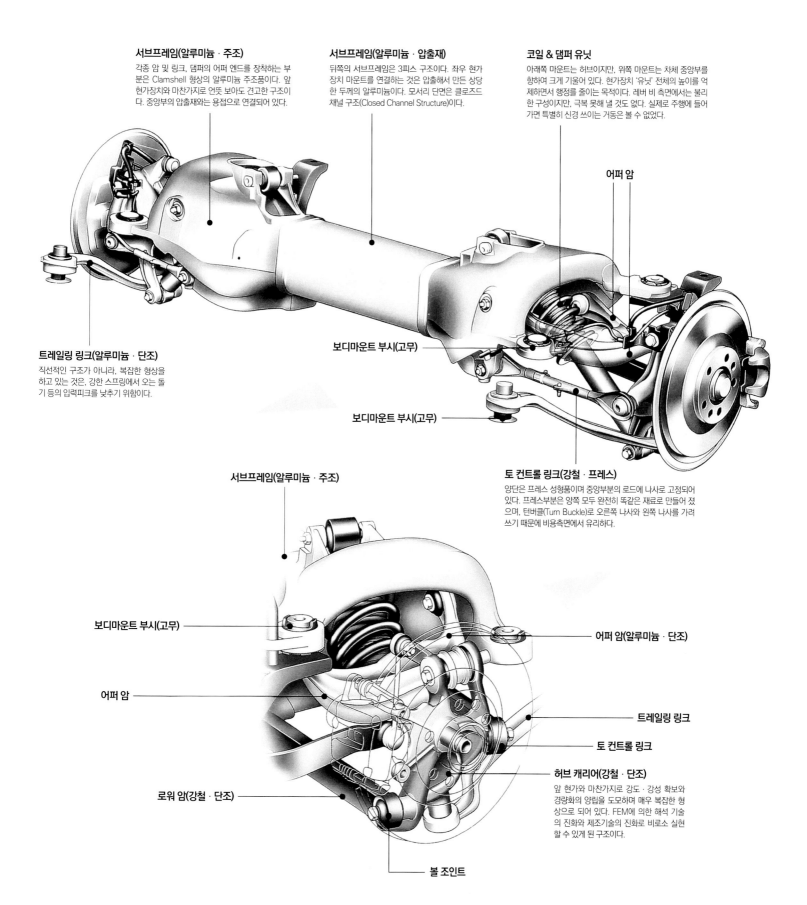

서브프레임(알루미늄 · 주조)
각종 암 및 링크, 댐퍼의 어퍼 엔드를 장착하는 부분은 Clamshell 형상의 알루미늄 주조품이다. 앞 현가장치와 마찬가지로 언뜻 보아도 견고한 구조이다. 중앙부의 압출재와는 용접으로 연결되어 있다.

서브프레임(알루미늄 · 압출재)
뒤쪽의 서브프레임은 3피스 구조이다. 좌우 현가장치 마운트를 연결하는 것은 압출해서 만든 상당한 두께의 알루미늄이다. 모서리 단면은 클로즈드 채널 구조(Closed Channel Structure)이다.

코일 & 댐퍼 유닛
아래쪽 마운트는 허브이지만, 위쪽 마운트는 차체 중앙부를 향하여 크게 기울어 있다. 현가장치 '유닛' 전체의 높이를 억제하면서 행정을 줄이는 목적이다. 레버 비 측면에서는 불리한 구성이지만, 극복 못해 낼 것도 없다. 실제로 주행에 들어가면 특별히 신경 쓰이는 거동은 볼 수 없었다.

어퍼 암

트레일링 링크(알루미늄 · 단조)
직선적인 구조가 아니라, 복잡한 형상을 하고 있는 것은, 강한 스프링에서 오는 돌기 등의 입력피크를 낮추기 위함이다.

보디마운트 부시(고무)

보디마운트 부시(고무)

토 컨트롤 링크(강철 · 프레스)
양단은 프레스 성형품이며 중앙부분의 로드에 나사로 고정되어 있다. 프레스부분은 양쪽 모두 완전히 똑같은 재료로 만들어 졌으며, 턴버클(Turn Buckle)로 오른쪽 나사와 왼쪽 나사를 가려 쓰기 때문에 비용측면에서 유리하다.

서브프레임(알루미늄 · 주조)

보디마운트 부시(고무)

어퍼 암

로워 암(강철 · 단조)

볼 조인트

어퍼 암(알루미늄 · 단조)

트레일링 링크

토 컨트롤 링크

허브 캐리어(강철 · 단조)
앞 현가와 마찬가지로 강도 · 강성 확보와 경량화의 양립을 도모하며 매우 복잡한 형상으로 되어 있다. FEM에 의한 해석 기술의 진화와 제조기술의 진화로 비로소 실현할 수 있게 된 구조이다.

➢ VW GOLF / JETTA

PQ 35 플랫폼으로 전개하는 FF의 뒤 현가장치에 대한 새로운 시도

삽화 : VOLKSWAGEN / AUDIi

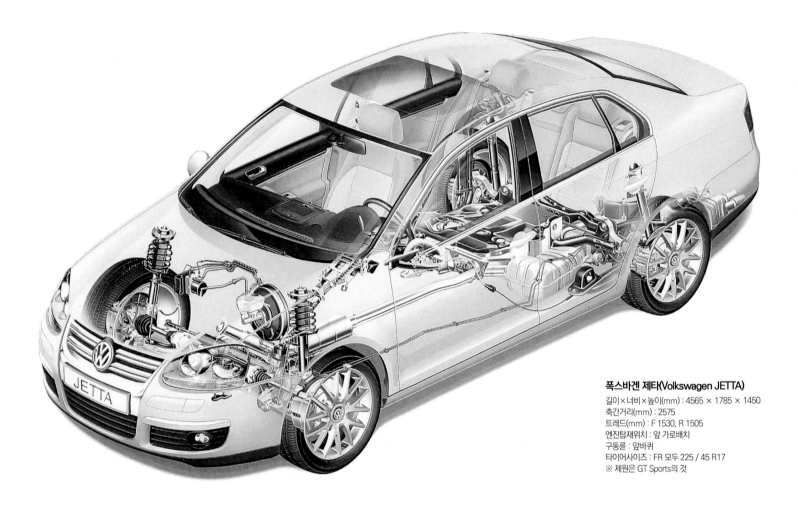

폭스바겐 제타(Volkswagen JETTA)
길이×너비×높이(mm) : 4565 × 1785 × 1450
축간거리(mm) : 2575
트레드(mm) : F 1530, R 1505
엔진탑재위치 : 앞 가로배치
구동륜 : 앞바퀴
타이어사이즈 : FR 모두 225 / 45 R17
※ 제원은 GT Sports의 것

파워 패키지(Power Package)를 횡으로 배치한 FF 차로서 특히 'C Segment 차량' 이하의 경우는, 앞에는 맥퍼슨 스트럿, 뒤에는 TBA(Twist Beam Axle)라는 현가장치로 구성이 일반화 되어 있다. C Segment 이하의 FF는, 전 세계 많은 지역에서 판매되어 주류를 이루고 있기 때문에, 이러한 차량의 대부분이 사용하는 스트럿과 TBA의 조합은 가장 대중적인 구성의 현가장치라 할 수 있다.

이 조합이 주류가 된 큰 이유는 성능과 비용의 균형일 것이다. 일반적으로 소형의 FF차는 '생활의 도구' 로서의 자동차인 경우가 많다. 그런 자동차에 대한 요구로서 우선순위가 높은 것은, 제한적인 보디 크기에서 가능한 한 커다란 거주공간을 확보하는 것과, 과부족이 없는 동력성능 및 안정된 주행 그리고 경제성이다. 이러한 요구를 거의 다 만족시킬 수 있는 현가장치 구성은 현시점에서의 모범 해답은 스트럿 +TBA 이다. 시스템을 구성

하는 부품수가 적어도 되기 때문에, 공간 효율이 뛰어나고 비용면에서도 유리하다. 특히 뒤쪽의 TBA는 동판 프레스 성형품(成型品)과 동관(銅管)을 용접하여 기본골격을 구성할 수 있다는 것이 비용측면에서 효과적이다. 성능측면에서나 구조적으로도 롤 강성이 높기 때문에, FF에서 중요한 뒤쪽의 안정성을 확보하기 쉽다. 보다 솔직하게 말하면 '차량 중량 및 동력성능에 대한' 어느 정도의 제약은 있을 수밖에 없기 때문에, 비용측면과 성능측면에서의 장점을 생각해보면 주류가 되는 것은 당연하다.

복수 링크에 의한 구성이지만
목표로 하고 있는 것은 간편한 효능

물론 보다 높은 목표로 TBA 이외의 형식도 많이 시도되어 왔다. 이번에 다루는 5세대 골프/제타(GOLF/JETTA)도 뒤 차축에는 '4 링크 액슬'이라는 좌/우 독립

현가식의 뒤 차축 현가장치를 사용하고 있다. TBA 이외에, FF의 뒤 차축 현가장치에 사용하고 있는 형식의 하나로 평행 링크 식(Parallel Link Type)이 있다. 좌우방향의 차체 측과 허브 측을 암(Arm)이 아닌 복수의 링크로 연결한다. 각 링크의 피봇부에 배치된 부시가 입력으로 인해, 변형되는 양을 의도적으로 변화시킨다는 설정에 따라, 행정에 대한 캠버나 토의 변화를 컨트롤하여, 보다 높은 조종성과 안정성을 실현시키려고 하는 시도인데 '소위 멀티 링크 식'이라고 생각해도 무방하다.

그러나 유감스럽게도 '이러한 구성의 현가장치가 설계자의 의도대로 기능한 예는 거의 없다' 라는 것이 개인적인 견해이다. 설계자의 의도와는 달리, 고무 부시가 휘는 느낌이 강하게 느껴지거나 덜걱거림이 신경 쓰이게 하는 등 강성감(剛性感·물체의 꼴이 변하지 않는 단단한 성질에 대한 느낌)의 부족이 먼저 나타나는 경우가 많았다. 결과적으로 상황에 따라서는 토 인(Toe-in) 해야

효과가 '보이는' 토 컨트롤 기구

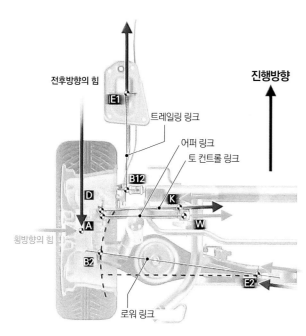

그림은 위쪽이 차량 진행방향이다. 트레일링 링크로 전후방향과 회전방향에 대한 강성을 확보하고, 어퍼 및 로워 링크로 행정에 대한 캠버 및 트레드 변화를 규제한다. 각 링크종류는 사다리꼴로 배치되고, 차륜 요동축에 대한 간섭이 적은 위치에 토 컨트롤 링크를 둔다. 화살표는 청색이 전후방향의 힘을, 오렌지색이 횡방향의 입력을 나타내고 있다. 전후력에 대처하여 토 컨트롤 링크가 토를 내측으로 향하게 하는 방향으로 작용하고, 로워 링크의 차체 측 피봇이 회전 중심이 되어, 점선으로 표시된 라인을 따라 움직임을 보인다. 횡력에 대해서는 어퍼 링크와 토 컨트롤 링크가 서로 반대 방향의 힘을 지니지만, 결국엔 토를 안쪽으로 향하는 움직임을 실현시킨다. 삽화 중에 위는 AUDI TT(QUATTRO)이고 아래는 A3의 뒤 현가장치 구성도이다. 기본 구성은 PQ 35 플랫폼을 사용하는 차종들이 모두 공통적이라는 것을 알 수 있다. 그 밖에 GOLF·Touran, Passat 등도 동일한 구성의 뒤 현가장치를 사용하고 있다. TBA에서 벗어난 이유의 하나로서, 이들과 같은 중량급(重量級) 차종으로의 전개(展開)를 고려한 측면이 있다고 판단된다.

큰 입력을 확실히 흡수하는 피봇 & 마운트

사진은 아래쪽이 차량 진행방향이다. 서브프레임(크로스 멤버)은 최근 유럽제 FF 차에서 유행하고 있는 알루미늄 일체형주조품이다. 현가장치 암의 피봇은 따로 성형한 것(앞 쪽은 주조, 뒤쪽은 인발을 나사로 고정하고 있다. 다른 차종으로 전개할 때의 마운트 자유도를 확보하기 위한 설정으로 추측된다.

위에 있는 사진은 뒤쪽의 피봇이다. 알루미늄의 인발재를 기계 가공한 후, 서브프레임에 나사로 고정하고 있다. 좌측에 있는 사진은 앞쪽의 피봇으로 이것은 주조로 만든 알루미늄 제품이다. 어느 것이나 모두 강도·강성이 매우 높게 만들어져 있다. 각각의 부시 구조와 용량의 크기에도 주목하기 바란다. 앞측의 마운트 강성을 우선시하면서 횡방향으로의 쏠림을 최소한으로 막는다. 뒤쪽은 대용량으로, 커다란 입력이 들어왔을 때의 승차감 확보에 기여하여, 또한 상하의 행정에 대해서는 정직하게, 횡방향의 입력에 대해서는 강성을 유지하는 구조로 되어 있다. 마운트 축의 설정은 앞이나 뒤 모두 다 같이 차량의 진행방향과 나란히 정렬되어 있다.

할 것이 토 아웃(Toe-out) 방향으로 움직이거나, 타이어 접지면의 강성, 캠버 강성이 부족하여 의도한대로의 움직임이 나오지 않는 경우가 많다. 어느 시기부터 FF의 뒤 현가장치가 세계적으로 TBA로 회귀하기 시작한 것은, 현가장치로의 입력과 그 움직임을 완전하게 장악하는 데 어려움을 통감한 것이 큰 이유일 것이다. 그러한 상황으로 인해 VW / AUDI Group은 현행 2세대 AUDI A3부터 뒤 현가를 복수 링크로 구성하였다. 같은 PQ35 플랫폼을 사용하는 골프/제타(GOLF/JETTA)의 뒤 현가도 물론 같은 형식이다. 각 링크는 사다리꼴 형상으로 배치되며, 전체적인 구성은 AUDI A4 등에 장착된 사다리꼴 형식(Trapezoidal Type)과

도 공통이다. 복수 링크로 구성되어 있기는 하지만 '소위 멀티 링크식'과 같이 가상 조향축에 의한 컨트롤을 주안점으로 하고 있지 않다고 판단할 수 있다. 아래쪽은 크고, 긴 메인 링크(Main Link)와 차륜 요동축(搖動軸)과의 간섭이 적은 위치에 배치된 토 컨트롤 링크(Toe Control Link)로 구성되어 있다. 이 토 컨트롤 링크의 배치에 따라, 압측(壓側·눌리는 쪽)이나 신측(伸側·늘어나는 쪽) 모두 행정가 커졌을 경우는, 로어 링크의 차체 측 피봇을 중심으로 하여 너클 측 피봇은 토를 약간 토-인 측으로 향하도록 작동한다. 과욕을 부리지 않고 심플하게 행정 시의 토 제어에 주목하여 안정성 확보를 목적으로 하고 있는 점이 특징이다.

시승하면서 우선 느낀 점은, 핸들 조작 시에 딱딱한 감은 있었지만 주행 전체의 견고한성이나 뒤 현가장치의 강성감과 안정성 등을 확실히 체감하였다. GOLF에서는 2008년 6세대 때 교체되었다. 일본에서도 1.4 리터 Single Charger 엔진을 탑재한 Comfort Line, Twin Charger 엔진의 High Line 및 2 리터의 TSI(直接噴射·터보)를 탑재한 고성능 모델 등 3개의 GTI 모델이 판매되고 있다. PQ 35플랫폼은 계승되고 있지만, 현가장치의 구성은 어떻게 변화했는지 궁금하다. 다시 기회를 잡아 리포트 해 보고 싶다.

맥퍼슨 스트럿
(Mac Pherson Strut)

시승하면서 바로 느낄 수 있는 것은 조향장치의 전 동 파워 어시스트가 더욱 세련되어졌다는 것이다. 손 으로 전해져오는 확실한 느낌, 회전시의 매끄러운 점 에서는 등장 직후부터 최고 수준이었지만, EPS에나 있을 법한 '되돌림 감' 등의 잡다한 느낌이 훨씬 적어 졌다. SAT(Self-Aligning Torque)로 되돌리더라도,

40~50km/h 정도의 속도 영역이라면 원활하게 중앙으 로 되돌아가 이미 EPS를 운운하는 수준은 벗어났다. 개 인적인 취향에서 말하면, 특히 높은 가속도 영역에서는 조금 더 반응감을 담고 싶지만 그것도 이미 이 수준에 도 달했기 때문에 생각할 수 있는 것이기는 하다.

너클의 형상에 주목하길 바란다. 필요 최소한의 요소만을 남기고 나머지는 극한까지 삭제해버린 듯한 구성이다. 요즈음의 유럽차량에서는 표준장착으 로 되어있으며, 스프링 아래 질량을 줄임으로써 현가장치 전체의 움직임이 나 승차감의 향상에 크게 기여하고 있다

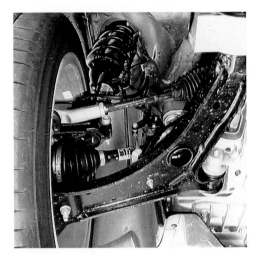

좌측 앞 현가장치의 전체적인 모습이다. 로워 암의 앞 쪽 피봇을 타이어 중심 보다 앞쪽에 설정하여 횡력에 대한 토 유지에 기여하고 있다. 타이 로드는 로 워 암보다 약간 높지만 드라이브 샤프트와는 거의 같은 높이에 배치되어, 범 프 스티어 등의 악영향을 최소한으로 억제하고 있다. 그리고 너클 쪽으로 거 의 평행하게 배치함으로써 전달효율에 대한 악영향도 줄이고 있다. 기본 중 의 기본이라고도 말할 수 있는 사항이지만 기구(機構) 부분 배치의 형편 상, 소홀히 되는 경우도 적지 않다.

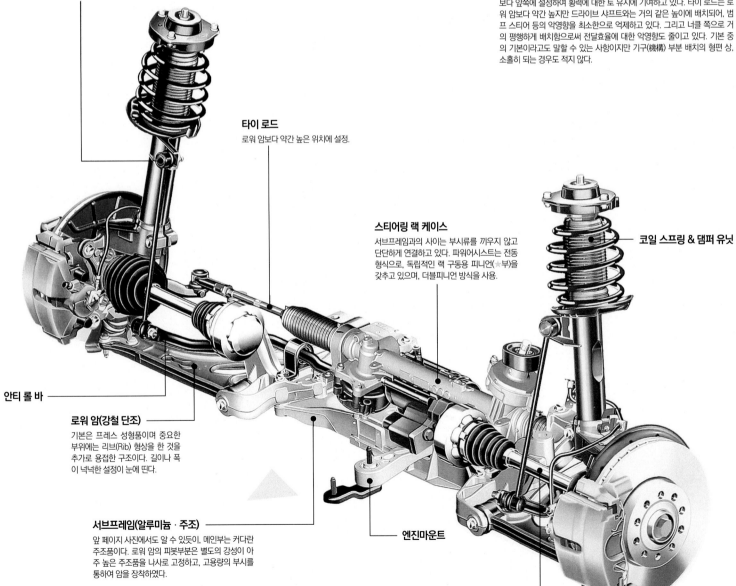

안티 롤 바 링크
트럭에 직접 연결하되 레버 비는 양호하다.

타이 로드
로워 암보다 약간 높은 위치에 설정.

스티어링 랙 케이스
서브프레임과의 사이는 부시류를 끼우지 않고 단단하게 연결하고 있다. 파워시스트는 전동 형식으로, 독립적인 랙 구동용 피니언(★부)을 갖추고 있으며, 더블피니언 방식을 사용.

코일 스프링 & 댐퍼 유닛

안티 롤 바

로워 암(강철 단조)
기본은 프레스 성형품이며 중요한 부위에는 리브(Rib) 형상을 한 것을 추가로 용접한 구조이다. 길이나 폭 이 넉넉한 설정이 눈에 띈다.

서브프레임(알루미늄 · 주조)
앞 페이지 사진에서도 알 수 있듯이, 메인부는 커다란 주조품이다. 로워 암의 피봇부분은 별도의 강성이 아 주 높은 주조품을 나사로 고정하고, 고용량의 부시를 통하여 암을 장착하였다.

엔진마운트

드라이브샤프트

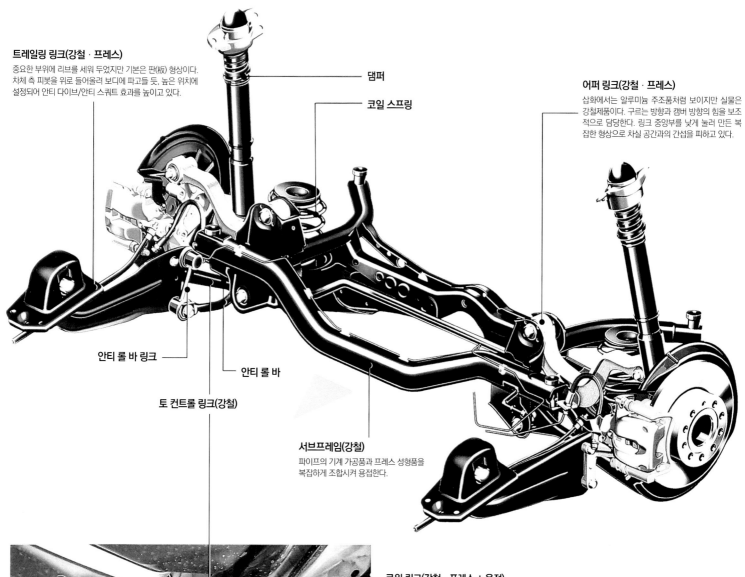

REAR | 더블 위시본 (Double Wishbone)

요즘 자동차분야 전체적인 동향을 보면, 대체적인 큰 흐름은 '압력의 감쇠를 잘 활용' 하여 맛을 내는 일이다. 댐퍼가 압력을 받을 때 감쇠기능을 확실히 살려줌으로써 요철을 타고 넘을 때, 차체가 그다지 가라앉지 않게 해줌과 아울러 압축 후 복귀하는 과정 역시 확실하게 잡아 주어 안정된 움직임을 보여준다. 거의 1.5t의 중량

으로 3명을 태우고도 차체의 바운스(Bounce)나 피칭(Pitching)이 연속됨이 없도록 한방에 확실하게 해결해 주기 때문에 승차감은 더할 나위 없이 좋다. 댐퍼가 작동 시에도 쿵하는 느낌이 없고, '단단하지만 중심이 가볍다' 라는 인상을 주는 움직임이다.

트레일링 링크(강철 · 프레스)
중요한 부위에 리브를 세워 두었지만 기본은 판(板) 형상이다. 차체 측 피봇을 위로 끌어올려 보디에 파고들 듯, 높은 위치에 설정되어 안티 다이브/안티 스쿼트 효과를 높이고 있다.

댐퍼

코일 스프링

어퍼 링크(강철 · 프레스)
삽화에서는 알루미늄 주조품처럼 보이지만 실물은 강철제품이다. 구르는 방향과 캠버 방향의 힘을 보조적으로 담당한다. 링크 중앙부를 낮게 눌러 만든 복잡한 형상으로 차실 공간과의 간섭을 피하고 있다.

안티 롤 바 링크

안티 롤 바

토 컨트롤 링크(강철)

서브프레임(강철)
파이프의 기계 가공품과 프레스 성형품을 복잡하게 조합시켜 용접한다.

로워 링크(강철 · 프레스 + 용접)
프레스 성형품의 메인부위에 피봇 부분을 용접한다. 전체적인 모양은 배와 같은 형상이며 허브 측에 코일 스프링을 장착한다. 매우 긴 모양으로 되어 있으며 토 나 캠버의 변화량을 적게 한다

뒤 너클도, 역시 필요 최소한의 형상이며 더욱이 강도 가 불필요한 부분의 두께는 철저하게 얇게 만들었다. 댐퍼도 너클에 직접 연결하고, 또한 로워 링크의 마운트 위치와의 관계에 의하여 작동 효율이 높아지도록 배려하고 있다.

위의 삽화에서는 분명하게 보이지 않는 부분도 많으므로, 이 사진과 아울러 각부의 배치를 확인하길 바란다. 트레일링 링크의 구조, 로워 링크의 길이, 토 컨트롤 링크와 안티-롤-바의 배치 등, 이 뒤 현가장치를 구성하는 중요한 포인트를 판단하는 데에 도움이 된다.

➤ MAZDA ATENZA

눈에 잘 띄지 않는 중요한 부분을 착실하게 개선하여, 독자적인 경량화 방안을 완성!

삽화 : 마쓰다(MAZDA)

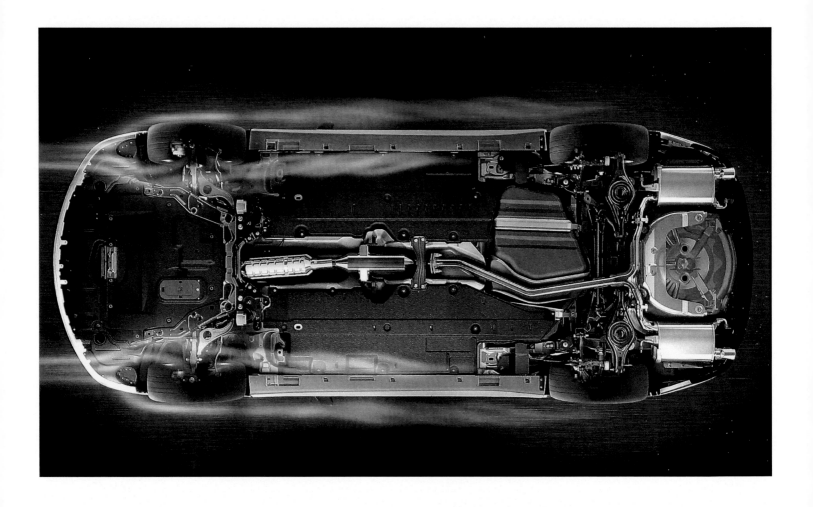

MAZDA ATENZA(BA-CH)

길이×너비×높이(mm) : 4735 × 1795 × 1440
축간거리(mm) : 2725
트레드(mm) : F 1570, R 1570
엔진탑재위치 : 앞 가로배치
구동륜 : 앞바퀴
타이어사이즈 : FR 모두 195 / 65 R16
※ 위는 20E의 제원

2008년 1월 말에 전체 모델 교체를 실시한 마쓰다(MAZDA)의 아텐자(ATENZA)이다. 각 주변의 구성에도 크게 손을 댔는데, 그 내용이 66페이지에서 기술한 Nissan SKYLINE V35형에서 V36형으로의 변경점(變更点)과 매우 유사하다. 양쪽 차량 모두 구(舊) 모델에서는 앞 현가장치의 아래쪽을 전후로 분할된 링크로 구성한 이른바 멀티 링크식이었지만, 신 모델에서는 Γ(감마)자형 암으로 변경되었다.

조향축을 실존과 아주 가깝게 하였고, 또한 항상 휠 센터 부근에 배치하는 것이 목적이라고 추측해 볼 수 있다. 구성에는 다소 차이가 있지만 최근 등장한 자동차에서는 주류가 되어 있는 개념이다. 뒤 현가도, 코일 스프링과 댐퍼를 별도의 마운트로 하고, 스프링은 조각배 모양의 커다란 로어 링크 위에 배치하였다. 댐퍼는 직립에 상당히 가까운 상태이며, 아래쪽을 허브 캐리어(Hub Carrier)에 직접 부착시키는 전체의 구성은 공통이다. 뒤 현가는 Mercedes Benz의 C Class나 BMW의 3

시리즈도 거의 마찬가지 구성으로 되어 있다. 결론적으로, 뒤에는 현가장치의 형식이 점차 하나로 수렴되어 왔다고 말할 수 있다. 앞 엔진 차량으로서 이 정도의 크기와 중량으로 4명이 승차정원인 차량이라면, 구동륜이 전륜이건 후륜이건 관계없이 현가장치에 대한 요구는 다 동일하며, 결과적으로 최적의 해답도 같은 곳으로 도달하게 된다.

우선은 차체를 단단히 안정시키는

유럽차량 종류의 개념이 승차감을 좋게 한다.

195/65 R16 사이즈의 타이어를 장착하는 20E급을 시승하였다.

제일 먼저 느낀 점은 앞 쪽이 견고한 느낌을 주었으며, 구 모델에서는 앞이 처져있던 롤 센터의 설정이 변경된 것이 아닌가 하는 점이었다. 자동차를 리프트에 올려서 관찰해 보니 로어 암의 허브 측 장착 방법이 눈에 띄었다. 메이커나 차종에 따라 정말로 여러 가지의 구조가 사용되고 있는 부분이긴 하지만, 신형 ATENZA에서는 허

뒤 너클도, 역시 필요 최소한의 형상으로 되어있으며 더욱이 강도가 불필요한 부분의 두께는 철저하게 얇게 만들었다. 댐퍼도 너클에 직접 연결하고, 또한 로워 링크의 마운트 위치와의 관계에 의하여 작동 효율이 높아지도록 배려하고 있다.

보디 측 멤버와의 협조에 의한 충돌 안전성능의 개선

크로스 멤버와 보디의 접합점은 구 모델의 4점 마운트에서, 6점 마운트로 변경되었다. 구체적으로는 로어 암 피봇 부근에서 늘었다. 이렇게 하여 현가장치의 지지 강성과 미세 진동의 흡수성을 높이고 있다. 그리고 앞쪽 사이드 멤버, 크로스 멤버 및 캐빈(Cabin) 형상을 최적화함으로써 충돌 안전 성능을 향상시켰다. 뒤쪽 사이드 멤버도 일직선화 하면서 단면을 크게 키워 고장력강(高張力鋼)을 사용하여 마쓰다(Mazda)가 독자적으로 정한 80km/h 오프셋(Offset) 후방추돌시험(後方追突試驗)에서도 충격을 효과적으로 흡수하였다.

■ 전면충돌대응구조(前面衝突對應構造)

【승객이 받는 충격의 경감】

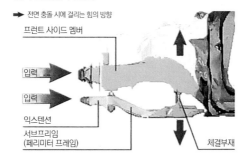

→ 전면 충돌 시에 걸리는 힘의 방향

프런트 사이드 멤버
입력
입력
익스텐션
서브프레임
(페리미터 프레임)
체결부재

【승객의 생존 공간 확보】

터널 사이드 멤버
B 프레임
사이드 실

※ 터널 사이드 멤버 : 센터 터널의 좌우에 배치된 보강부재

■ 후면충돌 시에 걸리는 힘의 방향

【연료 탱크 및 배관계의 보호】

뒤 사이드 멤버를 직선으로 그리고 대단면으로 만들어 고장력을 강판의 사용
연료탱크
후면충돌 시에 걸리는 힘의 방향
뒤 범퍼 에너지 흡수 크래시 박스 (Crash Box)
범퍼빔
프레임과 사이드 실(Side Sill)에 대한 충격 분산 구조

브 캐리어와 별도의 브래킷에 로어 암의 피봇이 설치되어 있었다. 그리고 암과 허브 캐리어를 접합하기 위한 볼 조인트 핀을 아래 방향으로 꽂고, 조임 너트가 지면 측에 오도록 배치되어 있다. 이러한 구조로 한 목적은, 롤 센터 높이를 높이는 것과, 킹핀 경사각을 보다 직립 방향으로 설정하려는 목적일 것이다. 이렇게 하여 가상 조향축으로 하였던 전 모델에 비하여, 같은 목적으로 장착된 조향축을 실현시킬 수 있었던 것은 아닐까하는 생각이든다. 덧붙이자면, 이와 같은 조인트 방법은 최근의 유럽 차량의 일부에서 볼 수 있는 방법이다. 이러한 점 때문에 역시 신형 ATENZA는 롤 센터 높이를 조금 높인 듯이 보인다. FF 차의 경우, 앞쪽의 롤 센터를 뒤쪽보다도 낮게 설정하여 언더 스티어(Under Steer) 경향을 약하게 하는 방법은 이전부터 사용되어 왔다. 그것도 하나의 방법이기는 하며 타이어의 능력이 빈약했던 시대에서는 유효했던 면도 있지만, 현재는 FF이건 FR이건, 앞을 낮춘

롤 축을 가지고 있는 차량은 거의 없다. 앞 로어 암은 구조 자체도 독특하다. 전체로는 Γ자형을 하고 있지만 일체 성형품은 아니다. 차체 측과 허브 측을 똑바로 연결한 I자형(字型) 링크의 뒤쪽에 연이어 Γ자형의 암이 나사로 고정되어 있다. 잘 보이지는 않지만, 구조와 배치는 앞 페이지의 언더 보디 사진에서 확인할 수 있다. 캠버 방향의 작동과 입력은 기본적으로 I자형 링크부에서 단단히 받아내고, Γ자 부분은 전후방향의 작동만을 지지한다는 개념이다. Γ자부의 차체 측 피봇에는 상당한 용량의 부시를 사용하여 승차감을 배려하고 있다. 차량 높이에 대한 개념도 변화의 흔적이 보인다.

이전 모델인 일본국내 사양은, 해외용 사양에 비하여 차량 높이가 낮게 설정되어 핸들링이나 승차감에서 본래의 지닌 맛을 충분히 발휘할 수 없는 느낌이 있었다. 반대로 유럽차량에서도, 일본용 사양에서는 본국의 옵션인 로우 다운 현가장치(Low Down Suspension)을

조립하여 본래의 지닌 기능을 망치는 예가 적지 않았지만, 신형 ATENZA에서는 수출 사양과 동등하게 설정되어 있다. 아울러 뒤쪽의 트레일링 암 차체 측 피봇 위치를 25mm 높게 한것은, 제동 자세를 안정시키기 위한 목적이다. 모두가 안정 및 건전한 방향으로 이루어져 있다. ATENZA 차량의 댐퍼 스트러트 주변의 또 하나의 특징은, 거의 모든 부품을 강철로 구성하고 있다는 점이다. 가령 닛산의 V36형 SKYLINE이 주요부품을 모두 알루미늄으로 만든 것과는 대조적이다. 그러나 강도와 강성이 확보되면서 최적의 응력 분산마저 된다면, 다양한 방법으로 경량화를 시도하는 것은 당연하다. 마쓰다(Mazda)는 이전부터 프레스의 사용법이 뛰어나기에, 비용 대(對) 성능 비율의 측면에서 이것이 최적이라고 판단한 뒤의 조치일 것이다.

차체의 상하운동이 작으며, 확실하게 지지해 주는 듯한 승차감이다. 사람에 따라서는 '딱딱하다'고 느낄지도 모르지만, 위로 쿡 쿡 치받는 느낌은 없으므로 불쾌감을 느끼지는 않을 것이다. 노면의 입력에 대해, '먼저 댐퍼 스트러트를 수축시키는' 것이 아니라, 압력을 감쇠시켜 차체의 자세를

컨트롤하는 움직임을 보인다. 그러므로 40~50km/h 정도의 속도 영역에서는 노면의 기복대로 움직이겠지만, 충격흡수 그 자체는 양호하다. 100km/h 정도가 되면 충격흡수 감이 높아지고, 승객이 느끼는 플랫 라이드(Flat Ride) 감이 높아진다. 아주 유럽 지향적인 셋업이라고 할 수 있다.

어퍼 암(강철 · 프레스)
예전부터 사용하던 A자형 암이다. 이전 모델과 마찬가지로, 복잡한 3차원 형상이다. 프레스로 만든 부품을 조립하여 구성하는 마쓰다 차량에서는 비교적 자주 사용되는 형식이다. 중량과 강성의 균형 그리고 아마도 비용을 고려한 가장 좋은 타협점일 것이다.

코일 스프링 & 댐퍼 유닛
아래쪽은, 포크를 통하여 로어 암의 중앙 부근에 장착하고 있다.

FORMER MODEL

허브 캐리어(강철 · 주조)
전체의 형상은 이전 모델과 큰 차이가 없어 보이지만, 허브 마운트부분 주변은 철저하게 두께를 줄여 형상을 변경시킨 것을 알 수 있다. 이런 개념도 유럽차량에 가깝다는 것을 느낀다.

스티어링 기어박스

타이 로드

로워 암(강철 · 단조)
실선이 가리키고 있는 부분은 l자형의 링크로, 거기에 뒤쪽에서 뻗어 나온 별개의 ⌐자형 암을 나사로 고정하여 일체화시킨 구성이다. ⌐형부 전체의 형상, 장착위치 등은 타이틀 컷(Title Cut)에서 확인하기 바란다.

안티 롤 바

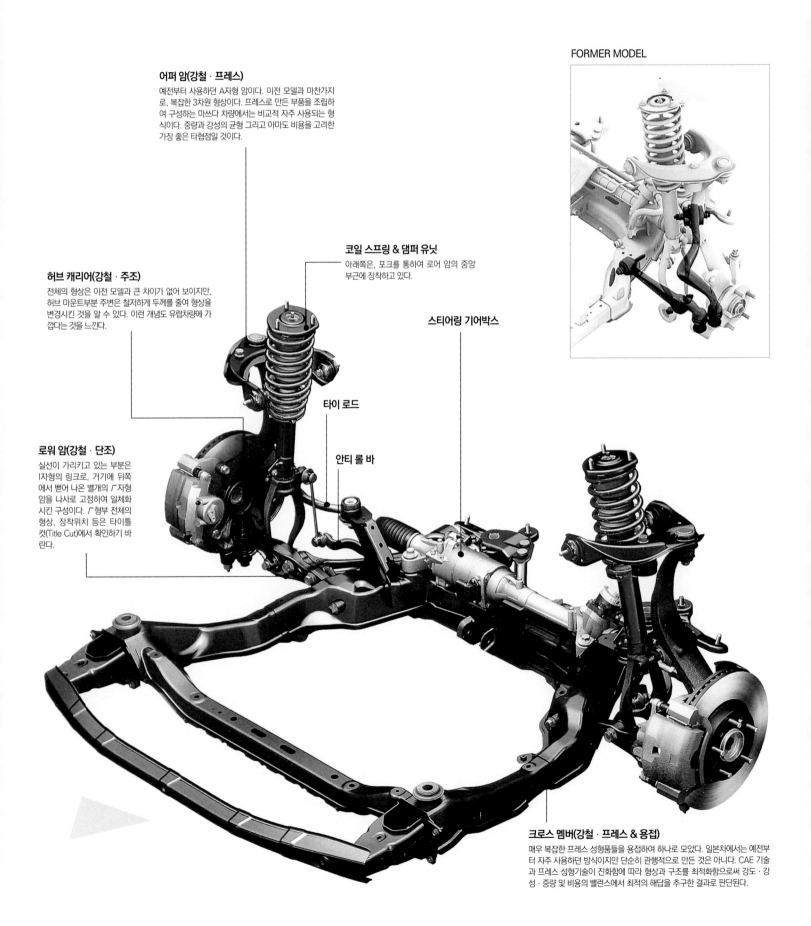

크로스 멤버(강철 · 프레스 & 용접)
매우 복잡한 프레스 성형품들을 용접하여 하나로 모았다. 일본차에서는 예전부터 자주 사용하던 방식이지만 단순히 관행적으로 만든 것은 아니다. CAE 기술과 프레스 성형기술이 진화함에 따라 형상과 구조를 최적화함으로써 강도 · 강성 · 중량 및 비용의 밸런스에서 최적의 해답을 추구한 결과로 판단된다.

코일 스프링과 댐퍼는 구 모델에서도 별도로 장착되었지만, 신형에서는 댐퍼를 거의 직립에 가깝게 세워서 장착한 것이 큰 차이점이다. 아울러 허브 캐리어에 직접 장착함으로써 레버 비를 0.89로, 거의 휠 행정에 가까운 작동효율을 실현시켰다. 트레일링 링크의 차체 측 피봇은 구형에 비해 25mm를 높이는 등 기하학적 구조

를 일신하였다. 이 부분을 필두로, 각 부의 부시용량도 증대시켜 좋은 승차감을 확보하고 있다. 재료와 공법이 잘 어우러져 간단하면서도 잘 고려된 구성이다. 하지만 225/45 R18 사이즈의 타이어를 장착한 2.5리터 모델에서는 직경이 큰 타이어에서 오는 부정적인 느낌을 완전히 지우지 못한 인상이 강했다.

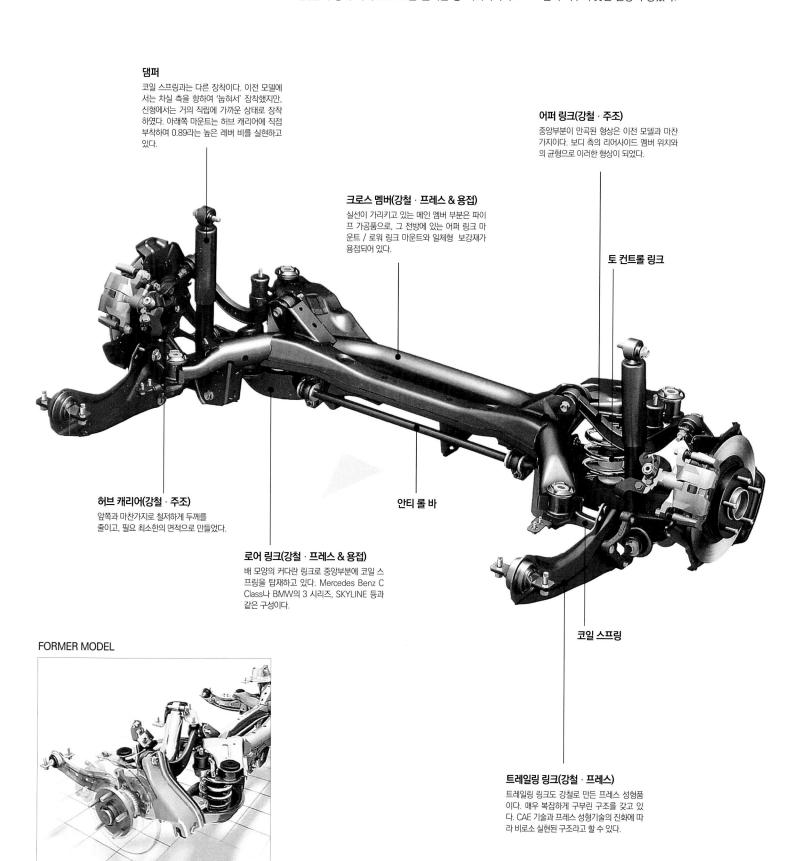

댐퍼
코일 스프링과는 다른 장착이다. 이전 모델에서는 차실 측을 향하여 '눕혀서' 장착했지만, 신형에서는 거의 직립에 가까운 상태로 장착하였다. 아래쪽 마운트는 허브 캐리어에 직접 부착하여 0.89라는 높은 레버 비를 실현하고 있다.

어퍼 링크(강철 · 주조)
중앙부분이 만곡된 형상은 이전 모델과 마찬가지이다. 보디 측의 리어사이드 멤버 위치와의 균형으로 이러한 형상이 되었다.

크로스 멤버(강철 · 프레스 & 용접)
실선이 가리키고 있는 메인 멤버 부분은 파이프 가공품으로, 그 전방에 있는 어퍼 링크 마운트 / 로워 링크 마운트와 일체형 보강재가 용접되어 있다.

토 컨트롤 링크

허브 캐리어(강철 · 주조)
앞쪽과 마찬가지로 철저하게 두께를 줄이고, 필요 최소한의 면적으로 만들었다.

안티 롤 바

로어 링크(강철 · 프레스 & 용접)
배 모양의 커다란 링크로 중앙부분에 코일 스프링을 탑재하고 있다. Mercedes Benz C Class나 BMW의 3 시리즈, SKYLINE 등과 같은 구성이다.

코일 스프링

FORMER MODEL

트레일링 링크(강철 · 프레스)
트레일링 링크도 강철로 만든 프레스 성형품이다. 매우 복잡하게 구부린 구조를 갖고 있다. CAE 기술과 프레스 성형기술의 진화에 따라 비로소 실현된 구조라고 할 수 있다.

⟫ RENAULT MEGANE "RENAULT SPORT"

참으로 「콜럼버스의 달걀」과 같은 발상
세세한 곳의 처리에서도 보이는 높은 강성 추구에도 주목하자.

삽화 : CITROEN / PEUGEOT 사진 : MFi

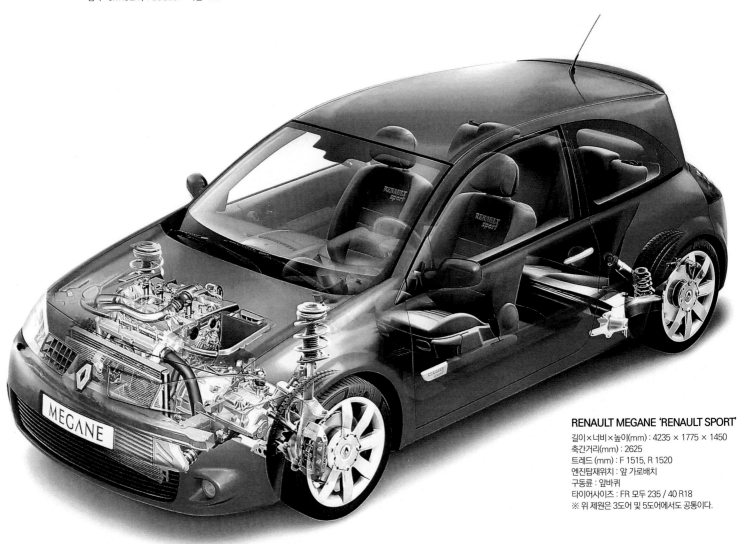

RENAULT MEGANE 'RENAULT SPORT'
길이×너비×높이(mm) : 4235 × 1775 × 1450
축간거리(mm) : 2625
트레드 (mm) : F 1515, R 1520
엔진탑재위치 : 앞 가로배치
구동륜 : 앞바퀴
타이어사이즈 : FR 모두 235 / 40 R18
※ 위 제원은 3도어 및 5도어에서도 공통이다.

2006년은 현가장치를 연구하는 사람들에게 인상적인 한 해였다. 이 해에 등장한 2대의 프랑스 차가 내세운 새로운 신기축(新機軸)에 대하여 크게 감명을 받은 것이 그 이유다. 한 대는 22페이지의 PEUGEOT 407이고 또 다른 한 대가 이 르노 메간 RS이다. 이 두 차의 특징은 앞에 '실존 조향축'을 가지고 있다는 점이다. 407은 더블 위시본이고 메간 RS는 맥퍼슨 스트럿이며 기본형식이야 다르지만 목표는 똑같다. 특히 메간 RS는 스트럿 중에 이 기축을 집어넣은 점이 대단하다. 완성된 것을 보면 그때까지 누구도 이 방법을 생각해 내지 못했다는 것이 불가사의하게 생각될 만큼 정공법이면서도 단순한 접근이었다. 현가장치에서 요구되는 사항은 어느 시대에서나 변함이 없다. 그러나 목적은 같더라도, 최적의 해답을 구하는 방법에는 시대마다 흐름이 있다. 그때그때

주류가 되는 이론과 사용할 수 있는 기술 항목에 따라 접근방법이 가능한 범위내로 수렴되기 때문이다. 조향축을 만드는 방법을 예로 든다면, 가능한 한 세워서 타이어 속에 넣어 두고 싶어 한다. 그리고 노면으로부터의 충격에 대한 저항력을 유지하는 의미에서, 가급적 오프셋 없이 접지중심 부근에 두고 싶어 한다.이것이 불변의 요구이다. 그 실현을 목표로 여러 가지 방법이 시도되어 오다가 하나의 전환점이 된 것이, 1966년에 등장한 Subaru 1000이다. FF의 앞 현가장치에 실존 조향축을 갖는 구조를 실현시켰다. 휠의 직경이 작았기 때문에 브레이크와의 공존이 어려워, 인보드 브레이크(Inboard Brake)화하지 않을 수 없었지만, 그 목적이 충분히 달성되면서 나중에 CITROEN이나 Alfa Romeo에도 영향을 주었다. 세월이 흘러 1980년대 말이 되자 「가상 조향축」을

사용한 접근법이 유행하게 된다. Mercedes Benz가 기선을 잡은 소위 멀티링크 방식이다. 복수의 링크를 조합하여 구성하는 것으로, 행정 변화에 관계없이 가상 조향축을 타이어의 접지 중심부근에 둔다는 발상이다.

타이어 / 휠의 직경 대형화에 따라
실존 조향축으로의 회귀가 시작되었다.

그리고 2006년에 등장한 407과 메간 RS는 실존 조향축을 구비하면서, 브레이크 등도 종래와 같은 방식으로배치하는 새로운 구성방법을 실현하였다.그러면, '왜 실존 조향축일까?' 하는 물음에 대하여 필자 나름대로 고찰해 본다. 유럽에서는 교외로 조금만 나가면, 포장 상태가 그다지 좋지 않은 노면을 고속으로 주행해야 하는

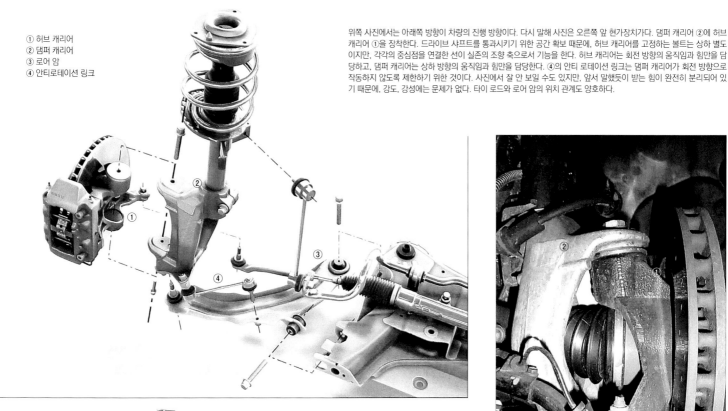

① 허브 캐리어
② 댐퍼 캐리어
③ 로어 암
④ 안티로테이션 링크

위쪽 사진에서는 아래쪽 방향이 차량의 진행 방향이다. 다시 말해 사진은 오른쪽 앞 현가장치다. 댐퍼 캐리어 ②에 허브 캐리어 ①을 장착한다. 드라이브 샤프트를 통과시키기 위한 공간 확보 때문에, 허브 캐리어를 고정하는 볼트는 상하 별도이지만, 각각의 중심점을 연결한 선이 실존의 조향 축으로서 기능을 한다. 허브 캐리어는 회전 방향의 움직임과 힘만을 담당하고, 댐퍼 캐리어는 상하 방향의 움직임과 힘만을 담당한다. ④의 안티 로테이션 링크는 댐퍼 캐리어가 회전 방향으로 작동하지 않도록 제한하기 위한 것이다. 사진에서 잘 안 보일 수도 있지만, 앞서 말했듯이 받는 힘이 완전히 분리되어 있기 때문에, 강도, 강성에는 문제가 없다. 타이 로드와 로어 암의 위치 관계도 양호하다.

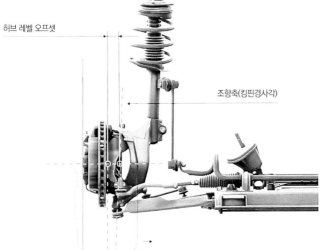

허브 레벨 오프셋

조향축(킹핀경사각)

오른쪽 위의 사진과 맞추어보면, 댐퍼 캐리어도 허브 캐리어도, 상당히 높은 강도와 강성으로 만들어져 있는 것을 이해할 수 있을 것이다. 왼쪽 그림은 전 차축과 타이어 접지면의 관계를 나타낸다. 조향 축의 노면 측은 타이어 중심보다 바깥쪽으로 나와 있는 듯 보이지만, 실제 차에서 각 부품의 위치 관계를 확인한 바로는, 그리 바깥쪽으로 나와 있지는 않아 보였다. 정지 상태에서 핸들을 돌려 보면, 타이어가 노면과 마찰하면서 생기는 흔적은 중심점에서 약간만 불룩해진 타원형상을 그리고 있기 때문에, 실제의 오프셋 양도 그에 걸맞게 아주 적을 것이라고 추측할 수 있다. 로어 암은 노면쪽으로 약간 기울어져 있어, 행정에 대한 거동 변화가 작다.

곳이 많다. 프랑스도 예외는 아니며, 오히려 이와 같은 경우가 비교적 많은 편이다. 그런 상황 아래에서 안정되게 장시간 주행을 하기 위해서는 미세한 조향 영역의 정보와 응답의 적절함이 중요하다. 그것을 추구하려면 조향축은 가상이 아니라 실존하는 것이 역시 더 좋을 수밖에 없다. 한편, 엔진출력의 향상과 더불어 충돌 안전성능에 대한 요구가 커짐에 따라, 자동차 크기에 따른 중량은 점점 증가하고 있다. 즉 타이어에 요구되는 능력이 높아지므로 크기를 키울 수밖에 없다. 그러면 타이어와 휠의 무게가 늘어나기 때문에 그 대책으로서 스티어링에 파워 어시스트(Power Assist)가 표준으로 장착된다. 어시스트의 존재가 전제로 된다면, 자연히 조향 기어비는 빠르게 올라가게 되어, 조향감이나 직진안정성 등의 마무리

가 어려워진다. 그리고 어시스트에 의지하게 됨으로써, 네거티브 캐스터(Negative Caster)가 잘 보이지 않게 되는 경향도 무시할 수 없다. 가령 전기식 파워스티어링 중에서, 제멋대로 핸들을 되돌리는 듯한 움직임을 보이는 것이 적지 않은 것도, 이것에 기인하고 있다. 이와 같은 흐름에서 벗어나기 위해서는 현가장치 전체의 구성을 재검토할 필요가 있다. 그 결과로서 출현한 '본래 마땅히 있어야 할 자세의 재발견'이, 이 두 차량의 앞 현가장치이다. 출발점이 되고 있는 것은, 차 중량의 증가에 따른 타이어 및 휠 직경의 대형화 경향이다. 내부 공간이 늘어남으로써 브레이크 디스크, 캘리퍼(Caliper)와 함께 실존 조향축을 구비한 허브 캐리어를 무리 없이 품을 수 있게 되었다. 허브 캐리어와 댐퍼 캐리어는 각각이 담당하

는 힘의 방향을 완전하게 분리함으로써, 파워 어시스트를 전제로 한 셋업이 조향의 정확성에 끼친 악영향을 상쇄시켜 여유 있게 그 효능을 발휘하고 있다. 그리고 레이아웃에 대한 여러 가지 연구에 의하여 드라이브 샤프트 길이를 크게 함으로써, 긴 행정도 확보하고 있다. 결과적으로 이 두 차량의 조향장치는 핸들이 가볍고, 감각도 자연스럽게 일정할 뿐만 아니라, 조향의 정확성이나 직진 안정성도 매우 높은 수준을 실현하고 있다. 그러나 메간 RS 자체는 서킷 레벨(Circuit Level)도 포함하여 만들어졌다고 생각되기 때문에 일상영역에서는 셋업에 불만을 느끼게 하는 점도 없는 것은 아니다. 이 구성이 표준 차량에 장착되는 날을 기대해 본다.

르노의 메간(MEGANE)은 VW 골프나 푸조 307 등과 경합하는 C세그먼트 실용차이다. 이것을 '진정'한 스포츠 모델로 다시 변형시킨 것이 르노의 스포츠(RS : RENAULT SPORT) 버전이다. 조향축을 실제로 구비한 앞 현가장치의 구성은, Lutecia(현지명 Clio)도 마찬가지로, 르노의 스포츠 버전에만 장착되어 있다. 여기에서

는 비교해 볼 수 있도록 표준차량의 투시도를 게재하였다. 강도,강성을 향상시키기 위하여 크로스 멤버를 필두로 각 부분마다, 매우 노력하여 보강한 점에도 주목하기 바란다. 스티어링 샤프트도 이중 튜브(Tube In Tube) 형식을 사용하였다. 현행 모델에서는 표준차량에도 같은 방식이 사용되어 있다.

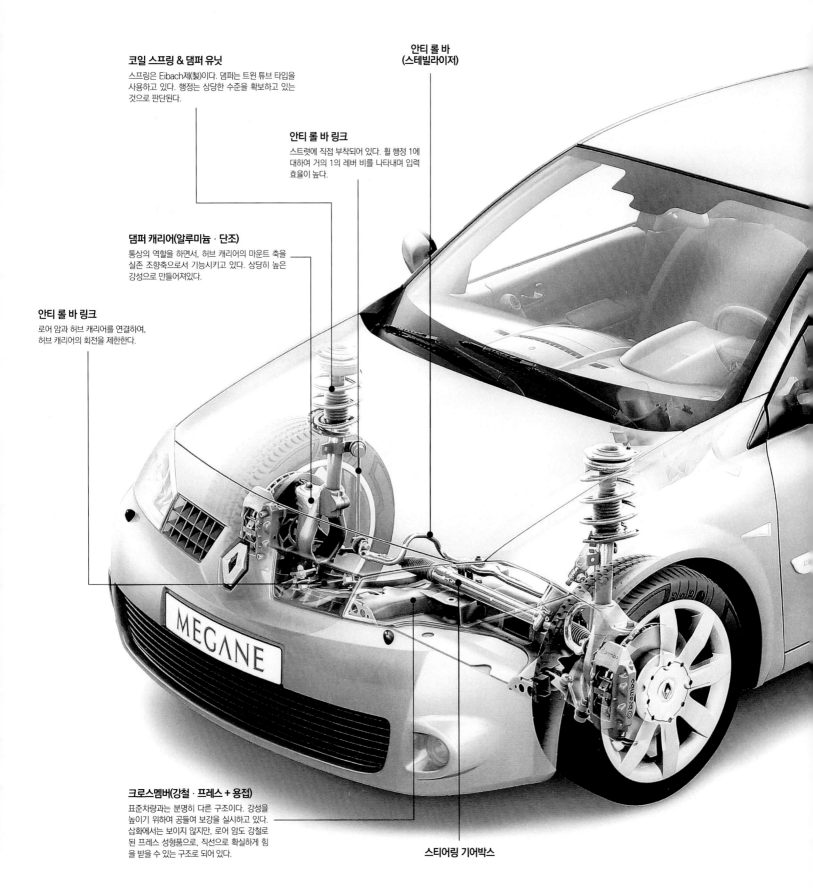

코일 스프링 & 댐퍼 유닛
스프링은 Eibach제(製)이다. 댐퍼는 트윈 튜브 타입을 사용하고 있다. 행정은 상당한 수준을 확보하고 있는 것으로 판단된다.

안티 롤 바
(스테빌라이저)

안티 롤 바 링크
스트럿에 직접 부착되어 있다. 휠 행정 1에 대하여 거의 1의 레버 비를 나타내며 입력 효율이 높다.

댐퍼 캐리어(알루미늄 · 단조)
통상의 역할을 하면서, 허브 캐리어의 마운트 축을 실존 조향축으로서 기능시키고 있다. 상당히 높은 강성으로 만들어져있다.

안티 롤 바 링크
로어 암과 허브 캐리어를 연결하여, 허브 캐리어의 회전을 제한한다.

크로스멤버(강철 · 프레스 + 용접)
표준차량과는 분명히 다른 구조이다. 강성을 높이기 위하여 공들여 보강을 실시하고 있다. 삽화에서는 보이지 않지만, 로어 암도 강철로 된 프레스 성형품으로, 직선으로 확실하게 힘을 받을 수 있는 구조로 되어 있다.

스티어링 기어박스

커플드 링크 액슬
(Coupled Link Axle)

FF 2박스(Box)의 실용차량에서는 이미 표준으로 되어 있는 형식이다. 앞쪽과는 달리, RS에서도 전체의 구성은 물론 세부 형상마저도 같다고 할 정도로 표준차량으로부터 답습되고 있다. 앞쪽과 다르게 뒤쪽은 공간에 제약을 받기 때문에 대폭적인 변경은 어려울 것이라는 사정이 대전제라고 추측해 볼 수 있다. 그러나 원래부터 롤링에 대

한 강성(剛性)이 뛰어난 형식이기 때문에, FF차로서는 비록 스포츠 모델이라 하더라도 충분히 기능을 발휘할 수 있을 것이라는 판단이 작용했을 것이다. 실차로 확인을 해 보아도 부시종류의 재질이나 용량, 안티 롤 바(Anti-Roll Bar)의 직경 등은 그 나름대로 튜닝(Tuning)된 흔적이 보이지만, 기본적으로는 매우 전통적인 구성이다.

댐퍼
정지 상태에서 노면에 대하여 40도 정도의 각도로 앞으로 기울어져 있고, 또한 약간 안쪽으로 기울어져 장착되어 있다. 표준차량과 같은 구성으로서 차실과 적재 공간과의 균형을 고려하여 이 방식을 사용했다고 생각된다. 전후 및 횡력에 대한 영향을 고려한 구성이긴 하지만 실차에서도 특별히 신경에 거슬리는 거동은 볼 수 없었다.

코일 스프링
Eibach제. 범프 스토퍼를 플라스틱과 고무의 이중구조로 하고 있는 점이 매우 흥미롭다. 범프시의 전체적인 거동을 고려한 조치일까?

트위스트 빔(강철 · 프레스 + 용접)
각형(角形) 단면인 양측 트레일링 링크에, 프레스로 성형해 만든 액슬부분을 용접한 구조이다. 큰 힘을 받는 부분에는 강성 향상을 위해 노력하여 여러 가지 대책을 강구했다. 삽화에서는 보이지 않지만, 트레일링부는 노면 측에 보호 커버를 장착하고 있다. 안티롤 바는 내장되어 있다.

MEGANE 표준차

» MINI COOPER S

최초의 앞바퀴 구동차에 담겨진 'BMW 방식'과 그 효능

삽화 : BMW

MINI COOPER S
길이 × 너비 × 높이(mm) : 3715 × 1685 × 1430
축간거리(mm) : 2465
트레드(mm) : F 1455, R 1460
엔진탑재위치 : 앞 세로배치
구동륜 : 앞바퀴
타이어사이즈 : FR 모두 195 / 55 R16

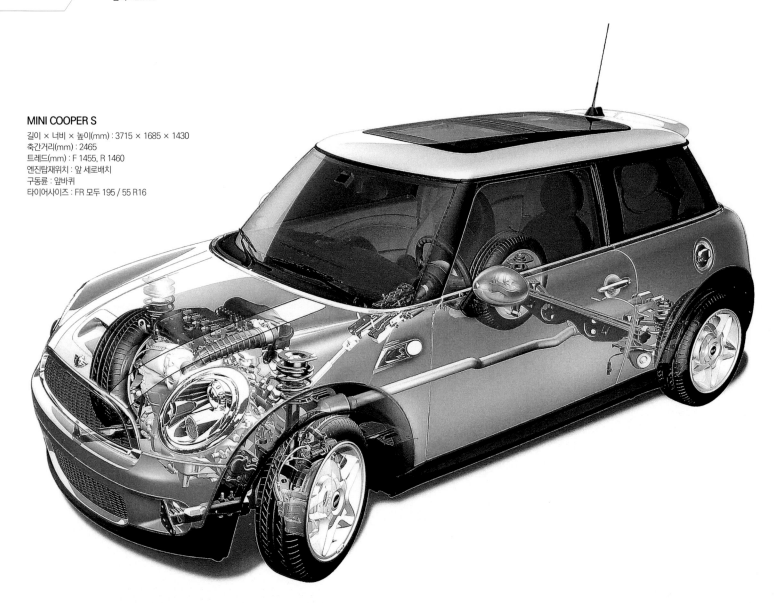

'BMW'라고 하면, 엔진을 앞에 세로로 배치하고 전륜은 조향, 후륜은 구동에 전념하도록 하는 이른바 「FR」 방식을 철저히 추구하는 메이커라는 인식이 강한 것은 아닐까? 패키지의 효율이 점점 중요시되는 요즘음도 SUV계 이외에는 모든 차종에서 FR를 기본으로 하고 있다. BMW가 산하에 두고 있던 Rover를 매각할 때에, MINI 브랜드만은 수중에 남겨두고 뉴 모델을 개발한다는 말을 들었을 때, 도대체 어떤 자동차를 만들 것인지 매우 궁금했다. 어쨌든 MINI는 FIAT 500과 함께, FF+ 2박스에 의한 스몰 카 패키지의 원조라고도 말할 수 있는 브랜드이다. 어떤 의미로는 BMW와는 정반대에 있는 것을 도대체 어떻게 만들어 낼 것인가? 2000년에 등장한 2세대(BMW제(製)로서는 1세대) MINI를 몇 번

인가 시승해 보았으면서도 유감스럽게 그 구조를 상세히 확인할 기회가 없었지만, 이번에 기술할 현행 3세대 모델도 기본적인 구조를 답습하고 있다고 하여도 무방하다. 관찰해 봄으로써 확인할 수 있었던 것은, FF 2박스임에도 견실하게 'BMW 류의 방식'이 지켜지고 있다는 것이다.

브랜드의 위광(威光)에 부끄럽지 않은 특별한 차체구조

BMW의 현가장치에는 세대를 넘어서 계승되고 있는 몇 가지의 구조적 특징이 있다. 그 대표적인 것이 앞쪽의 로어 암 차체 측 앞쪽 측 피봇에 볼 조인트를 사용하는

것이다. 이 부분은 조향장치 및 토 변화에 대한 기점이면서 그들의 움직임에 대한 영향이 매우 크기 때문에 가급적 단단히 체결하는 동시에 움직임에 대한 정밀도를 높여 두어야 한다. 한편으로 이 부분은 노면으로부터의 충격을 최초로 받는 부분이면서, 소음/진동(NV) 성능을 확보해야 하는 필요가 있어, 일반적으로는 고무 부시가 사용되고있다. 그러나 NV 성능을 고려하지 않는다면 로어 암의 앞 측은 고무 부시가 아닌 금속 부시가 최고다. 로어 암의 뒤쪽 피봇은 귀에 거슬리는 소음(Harshness)에 대한 대책으로 고무 부시, 허브 측의 볼 조인트는 종래대로의 금속 부시, 그리고 타이 로드 엔드도 볼 조인트를 써야 높은 스티어링 강성을 얻을 수 있다. 이제까지 보아 온 BMW차량은 전부 이 부분에 볼 조인트를 사용하

독창적인 구성을 보여주는 뒤 현가장치

사진 왼쪽의 안쪽에 보이는 은색 부분이 뒤의 트레일링 링크이다. 좌측 뒷부분을 차체 중심측에서 촬영한 것이다. 허브 캐리어, 댐퍼의 로워 마운트, 상하 2개의 패러럴 링크등의 모든 피봇을 구비한 매우 커다란 주조품이다. 세부적으로 철저하게 두께를 줄이면서 강도, 강성이 필요한 부분에는 대담하게 리브를 덧붙인 구조는 정말 한마디로 압권이다. 푸조 407이나 AUDI A4에 비하여 나으면 나았지 못하지 않은 참신한 구조이다. 위 사진은 트레일링 암 전방의 차체측 마운트부이다. 차실측으로 크게 들어 올려 진 부분에 피봇이 있으며 대용량 부시를 통하여 체결되어 있다.

피봇 구조에 대한 연구와 대용량(大容量) 고강성(高剛性) 부시

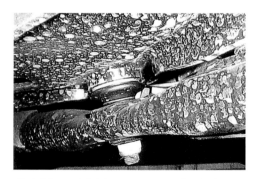  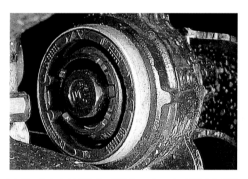

좌측 사진이 'BMW 방식'의 하나인 앞 로어 암의 차체 측 전방 마운트부이다. 아래 측의 크로스멤버에서 암 측 피봇이 볼 조인트로 체결되어 있다. 가운데 사진은 엔진 마운트이다. 커다란 알루미늄 제(製)의 주물과 고무를 조합하여, 움직임을 허용하는 방향과 멈추게 하는 방향에 대해 힘을 받는 방법이 한눈에 보이도록 한 구조로 되어 있다. 우측 사진은 앞 로어 암의 뒤쪽 마운트부의 부시이다. 안티 롤 바의 브래킷을 겸하고 있으며, 이 부분도 강도와 강성을 철저히 고려한 구조로 되어 있다.

고 있으며, 또 하나의 'BMW류'는 뒤 트레일링 링크의 앞 측 피봇의 위치이다. 차량실내 쪽으로 아주 파고들면 서피봇의 위치를 높여 안티 리프트 지오메트리(Anti Lift Geometry)를 철저히 하고 있다. 아울러 피봇 위치를 타이어 폭 안에 위치시킴으로써, 각종 모멘트에 의한 영향을 가능한 줄이면서 담당해야 할 움직임의 정밀도를 높이고 있다. 구동방식이야 어찌되었건, '박차고 나가는 기쁨'을 실현시키는 요소는 변함이 없다. 따라서 그 기본이 되는 부분은 공통이어야 마땅하다. 그런 개념이 느껴지는 구조이다. 그리고 감탄할 만한 것은 철저한 원가 배분이다. 차량 크기의 제한 때문에 현가장치 구조에는 아무리 하여도 한계가 따를 수 밖에 없다. 따라서 어떻게든 설계 의도를 확실하게 발휘시키기 위한 포인트로서, 전

후 크로스멤버는 철저하게 강도와 강성을 높이고, 또한 그 '요소'가 되는 뒤쪽의 트레일링 링크에도 마음껏 필요한 구조와 제조방법을 강구한다. 반면에, '앞쪽의 로어 암이나 뒤쪽의 패러럴 링크 등, 일정 이상의 비용대비 효과를 기대할 수 없는 부분은 지극히 보통 구조로 해둔다'고 하는 배분 방식을 철저히 하고 있다. 그래도 B세그먼트 차량 전체로 보면 상당한 비용이 드는 구조이기는 하지만, 결코 쓸데없는 비용은 사용하지 않는다. 사용자층이 가지는 'BMW제 MINI'에 대한 기대에 부응하기 위하여, 거듭된 노력의 결과가 충분히 이해가 되는 구성이다. 시승해보면, '사용자층의 기대'에 부응하려는 의지가 명확하게 보인다. MINI, 그 중에도 이번에 시승했던 핫 모델인 'COOPER S'라면, '팔팔하면서 시원한 주행'

을 기대해도 될 것이다. 그러나 문제는 '팔팔하고 시원한 감'이 자칫하면 조향조작에 대한 게인(Gain · 출력에 대한 입력의 비)의 수준에 따라서 판단될 수도 있다고 하겠다. 또한 안전성을 고려하면, 작은 자동차이기 때문에 안정성 확보도 중요하다. 이 상반되는 요소의 양립을 이루기 위해 MINI는 정면으로 대처를 하고 있다. 조향에 대한 초기 게인은 상당히 높지만, 롤링이 시작되면 곧 뒤현가장치의 작동으로 요(Yaw)를 수렴시키고, 그 다음은 오로지 언더 스티어로 시종일관한다. 방법으로서는 틀리지 않으며 이 이외의 방법은 없다고도 말할 수 있지만, 셋업에 '지나친 감'이 있고 일상영역에서도 조금 위화감이 있다. 이 부분에 대해서는, 지금보다 한걸음 더 발전한 세련됨을 기대해 본다.

기본 구성은 앞 세대의 모델과 같다. 견고한 서브프레임을 바탕으로 거기에 Γ(감마)자형(字型)의 로어 암을 약간 앞으로 기울여서(로어 암 앞 측 마운트 위치가 휠 센터보다도 후퇴한 위치에 있음) 장착하고 있다. 작은 배기량의 FF 차량에서는 흔히 볼 수 있는 패턴으로 가속 시 강한 구동력이 걸리면 토가 안쪽 방향으로 향하면서 안정성을 높인다. 좌우 암 사이를 연결하는 견고한 크로스멤버는 핸들링(Steering)을 보다 양호하게 해주는 중요한 요소이다. 조향 기어박스는 로어 암보다도 역시 높은 위치에 장착되어 있지만, 암과 로드는 거의 평행하게 배치되어 있다.

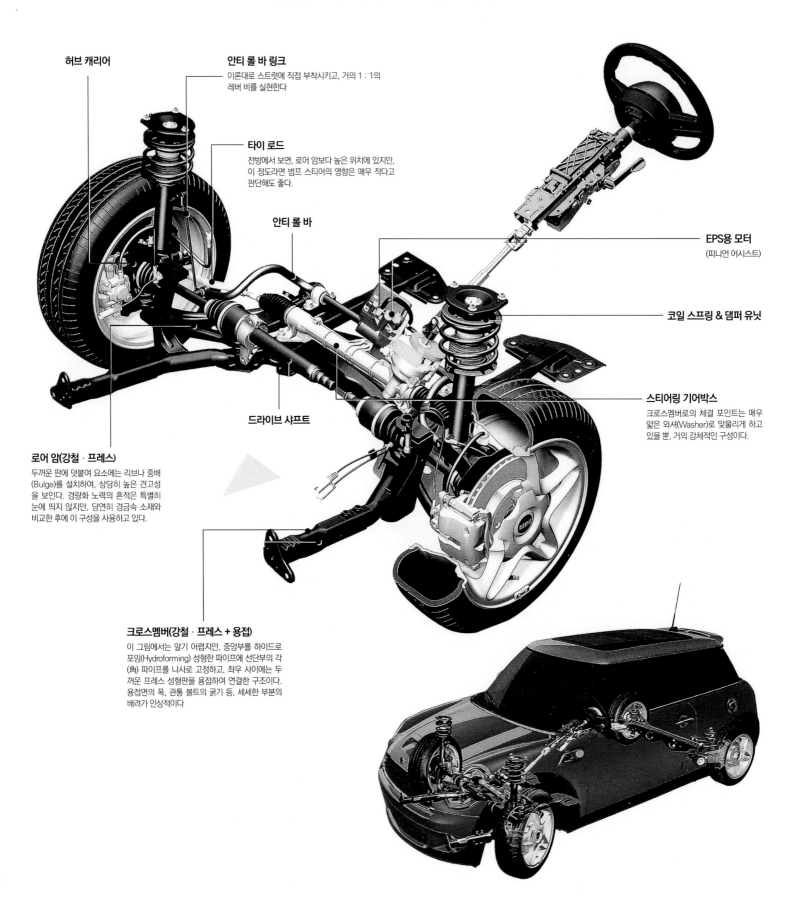

허브 캐리어

안티 롤 바 링크
이론대로 스트럿에 직접 부착시키고, 거의 1 : 1의 레버 비를 실현한다

타이 로드
전방에서 보면, 로어 암보다 높은 위치에 있지만, 이 정도라면 범프 스티어의 영향은 매우 작다고 판단해도 좋다.

안티 롤 바

EPS용 모터
(피니언 어시스트)

코일 스프링 & 댐퍼 유닛

스티어링 기어박스
크로스멤버로의 체결 포인트는 매우 얇은 와셔(Washer)로 맞물리게 하고 있을 뿐, 거의 강체적인 구성이다.

드라이브 샤프트

로어 암(강철 · 프레스)
두꺼운 판에 덧붙여 요소에는 리브나 중배(Bulge)를 설치하여, 상당히 높은 견고성을 보인다. 경량화 노력의 흔적은 특별히 눈에 띄지 않지만, 당연히 경금속 소재와 비교한 후에 이 구성을 사용하고 있다.

크로스멤버(강철 · 프레스 + 용접)
이 그림에서는 알기 어렵지만, 중앙부를 하이드로 포밍(Hydroforming) 성형한 파이프에 선단부의 각(角) 파이프를 나사로 고정하고, 좌우 사이에는 두꺼운 프레스 성형판을 용접하여 연결한 구조이다. 용접면의 폭, 관통 볼트의 굵기 등, 세세한 부분의 배려가 인상적이다

트레일링 링크와 상하 2개의 패러럴 링크만으로 구성되는 매우 간단한 구조이다. 상하 진동시, 캠버 및 토의 변화와 함께 차체 뒤쪽의 안정성을 높이는 방향으로 움직이는 구성이다. 중앙을 가로지르는 커다란 크로스멤버, 장착위치가 상당히 높은 어퍼 암 등, 짐을 싣는 공간보다는 현가 성능을 우선시한 설계이다. FF차량의 뒤 현가장치로서는 유례를 찾아 볼 수 없을 정도로 호화스러운 구조이다. 실제로 달려보니 뒤쪽의 묵직한 감은 범상치가 않았다. 중(重)대형차량 및 후륜 동륜차용 현가장치으로서도, 이 자체 그대로 충분히 통용될 수 있을 것 같은 구성이다.

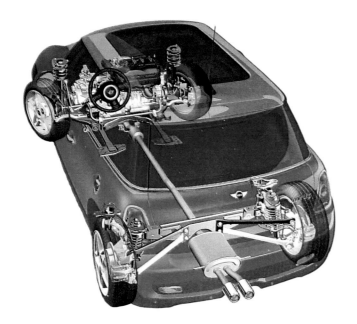

트레일링 링크(알루미늄 주조)

이 자동차의 현가장치에서 하나의 커다란 포인트가 되는 부분이다. 이 그림에서는 전모를 파악하기 어렵기 때문에 21페이지 우측 맨 아래 사진과 함께 보도록 한다. 오토바이의 스윙 암과 같은 모양새로, 허브 캐리어까지를 겸하는 매우 큰 일체 성형품이다. 세부적으로 복잡하게 리브를 세우면서 강도가 그다지 필요치 않은 부분은 철저하게 두께를 줄여 조금 복잡한 구조이다. 보디 측 마운트는 차실 내로 파고 들 듯이 상방으로 들어 올려져 있어 안티 리프트 기하학적 결합구조를 실현하고 있다.

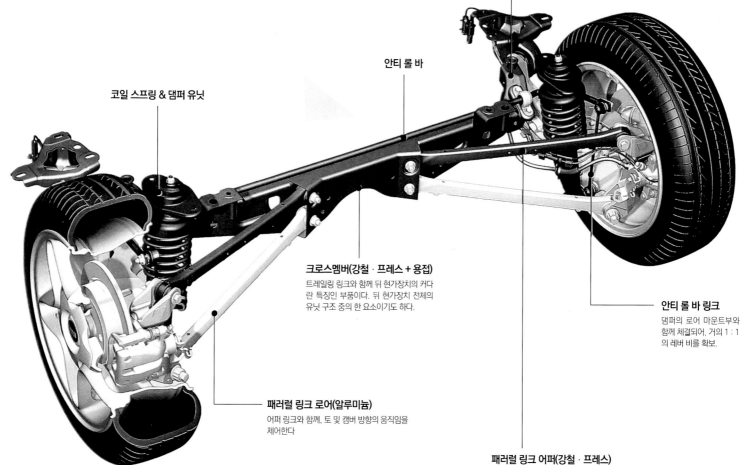

안티 롤 바

코일 스프링 & 댐퍼 유닛

크로스멤버(강철 · 프레스 + 용접)

트레일링 링크와 함께 뒤 현가장치의 커다란 특징인 부품이다. 뒤 현가장치 전체의 유닛 구조 중의 한 요소이기도 하다.

안티 롤 바 링크

댐퍼의 로어 마운트부와 함께 체결되어, 거의 1 : 1의 레버 비를 확보.

패러럴 링크 로어(알루미늄)

어퍼 링크와 함께, 토 및 캠버 방향의 움직임을 제어한다

패러럴 링크 어퍼(강철 · 프레스)

토 및 캠버 방향의 움직임을 제어한다. 조금 부실하게 보일지도 모르지만 큰 힘은 기본적으로 트레일링 링크가 받으므로, 필요한 강도 · 강성은 확보하고 있다고 추측된다. 실제로 강성 부족을 느낀 적은 없었다.

Mazda AXELA

FRONT : MacPherson Strut / **REAR** : Coupled Link Axle

Mazda AXELA Sports 20S(DBA-BL계)
길이 × 너비 × 높이(mm) : 4490 × 1755 × 1465
축간거리(mm) : 2640
트레드(mm) : F 1535, R 1520
차량중량(kg) : 1340
엔진탑재위치 : 앞 가로배치
구동륜 : 앞바퀴
타이어사이즈 : FR 모두 205 / 55 R16
※ 그림은 유럽 사양인 MAZDA 3

마쓰다(Mazda)의 전통이라고도 할 수 있는, 프레스 강판을 용접으로 조립한 구성이다. 설계에 따라서는 중량과 강도 · 강성 그리고 비용의 밸런스 자유도를 높일 수 있는 방법이다. 기본적으로는 앞 세대로부터 이어지고 있지만, 크로스멤버의 개량에 따라 스티어링 기어박스의 2개소 고정을, 3개소에서 고정시키는 등 세부적으로는 재검토되어 있다. 횡배치 FF의 경우, 멤버의 설치 강성 확보가 과제인데, 설치 지점 자체는 그대로 두고, 마운트부의 구조나 부시의 활용방법 등을 좀 더 연구하여, 결합 강성과 소음 · 진동(NVH)의 밸런스 개선을 시도하고 있다는 인상을 받았다.

뒤 현가장치는 이전부터 추구하고 있던 멀티 링크식을 개선한 구성이다. 댐퍼를 차실 밖으로 까지 빼내고 크로스멤버도 될 수 있는 대로 낮게 구성하는 등, 최근의 흐름에 따른 구성이기도 하다. 트레일링 링크의 차체 측 설치점 높이도 일본차량으로서는 상당히 의도적으로 높여져 있다. 각 링크의 역할을 명확하게 하고 캠버와 토 컨트롤에 집중한 결과, 안티 롤바의 설치점에 제약이 생겼다고 추측되지만 그것도 독자적인 아이디어로 해결하였다.

Toyota iQ

FRONT : MacPherson Strut / **REAR** : Coupled Link Axle

앞부분은 크로스 멤버로 4각형 형상으로 튼튼하게 만들어, 그곳을 중심으로 구성 부품을 배치하는 이상적인 구조이다. 예를 들면, 로어 암의 마운트부는, 암 선단을 이루는 크로스멤버를 위아래에서 끼워 넣은 배치로 하여 응력(應力·Stress)을 경감시키는 등, 최근의 흐름이 담겨져 있다. 하이 마운트의 조향장치는 스티어링 기어박스의 높이와 타이 로드의 설치 각도에 대한 연구로서, 현가의 운동으로 인한 영향을 최소한으로 억제시킨 배치이다. 뒷부분에도 세세한 부분까지 지혜가 담겨져 있다. 빔은 파이프 내부에 액체를 봉입하여 찌그러짐이나 주름을 방지하면서 프레스 성형하는 '액봉성형(液封成形)'으로 만들어, 가운데가 빈 중공(中空) 구조이면서도 약간 복잡한 형상으로 되어 있다.

Toyota PRIUS

FRONT : MacPherson Strut / **REAR** : Coupled Link Axle

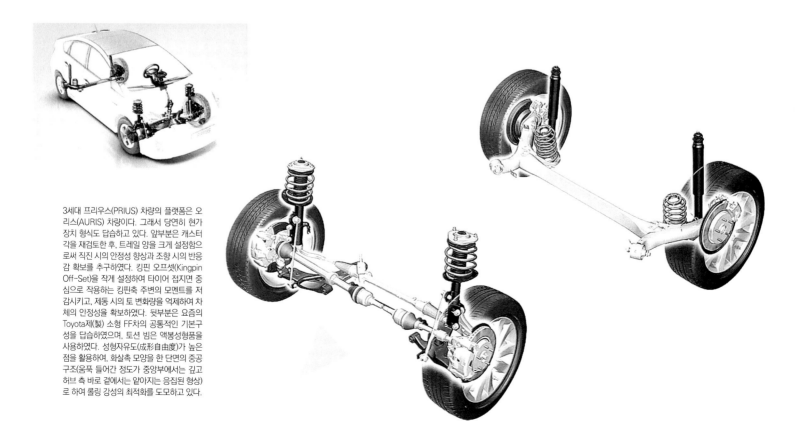

3세대 프리우스(PRIUS) 차량의 플랫폼은 오리스(AURIS) 차량이다. 그래서 당연히 현가장치 형식도 답습하고 있다. 앞부분은 캐스터 각을 재검토한 후, 트레일 양을 크게 설정함으로써 직진 시의 안정성 향상과 조향 시의 반응감 확보를 추구하였다. 킹핀 오프셋(Kingpin Off-Set)을 작게 설정하여 타이어 접지면 중심으로 작용하는 킹핀축 주변의 모멘트를 저감시키고, 제동 시의 토 변화량을 억제하여 차체의 안정성을 확보하였다. 뒷부분은 요즘의 Toyota제(製) 소형 FF차의 공통적인 기본구성을 답습하였으며, 토션 빔은 액봉성형품을 사용하였다. 성형자유도(成形自由度)가 높은 점을 활용하여, 화살촉 모양을 한 단면의 중공 구조(움푹 들어간 정도가 중앙부에서는 깊고 허브 측 바로 곁에서는 얕아지는 응집된 형상)로 하여 롤링 강성의 최적화를 도모하고 있다.

Honda ODYSSEY

FRONT : Double Wishbonet / **REAR** : Double Wishbone

플랫폼은 앞 세대인 3세대로부터 답습하고 있으나, 보디 측 구조를 새롭게 하고 강성을 크게 높임으로써 매우 양호한 승차감을 실현 시켰다. 앞부분은 '혼다(Honda)'의 전통이라고도 할 수 있는 하이 마운트의 더블 위시본으로, 로어 암은 성형으로 만든 일체형을 사용하였다. 요동축의 앞이 벌어진 배치로 되어 있어 노면으로부터의 입력에 대해서는 토-아웃, 트랙션에 대해서는 토-인을 향하지만, 지금까지의 혼다 차량에서 현저했던 헤드 아웃 경향이 상당히 억제되어 있다. 뒤 현가장치는 특이하게 「ㄱ」자 형상으로 만들어져 있는데, 로어 암을 가진 더블 위시본으로 매우 드문 구성이다. 주행을 해 보면, 곧은 선을 따라 움직이는 듯한, 선(線) 추적성(追跡性 · Traceability)을 보인다.

Honda INSIGHT

FRONT : MacPherson Strut / **REAR** : Coupled Link Axle

앞으로 미는 컴플라이언스 부시

플랫폼은 2세대 FIT 이다. 앞부분은 ㄱ자형 로어 암을 사용하는 매우 정통적인 구성의 스트럿이다. 로어 암에 대한 스티어링 기어박스의 위치나 안티 롤 바가 스트럿에 직접 부착되어 있는 것 등 구성 자체는 이상적이다. 뒤쪽 피봇을 수평방향으로 변경하여 행정 방향의 힘에 대한 움직임을 안정시킴으로써, 부시의 스프링 상수를 낮추고 있다. 뒷부분도 매우 정통적인 구성이다. 주행해보면 FIT에서는 헤드 아웃이 현저했으나, 뒷부분의 안정성을 철저하게 우선시함에 따라 헤드 아웃 경향이 약간 억제되고, 비교적 직선 주행을 실현시키고 있다.

▶ Fiat 500

FRONT : MacPherson Strut / REAR : Coupled Link Axle

견고한 크로스멤버에 L자형 로어 암의 앞 측이 장착되어 있다. 이 정도까지 튼튼한 크로스멤버로 이루어진 것은 충돌안전성능(衝突安全性能 · Crashworthiness & Safety Performance)의 확보가 목적일 것이다. 뒷부분은 트레일링 링크의 보디 측 마운트를 종래의 부시 방식으로 하고, 댐퍼는 앞으로 상당히 기울여 장착되어 있다. 이와 같은 구성에서는 입력에 대한 레버 비(Lever Ratio)가 커진다. 코일 스프링은 후방으로 뻗은 트레일링 링크의 중간에 배치되어 있어, 이것 또한 레버비가 크다. 더불어 전체의 강도를 확보하기 쉬운 설계이기는 하다.

▶ Peugeot 207

FRONT : MacPherson Strut / REAR : Coupled Link Axle

세계적으로 대량 판매된 206의 후속 차량이다. 뒷부분은 205, 106, 306으로 답습해 온 트레일링 링크 + 횡배치 토션 바 구성으로부터, 307, 308과 마찬가지로 보다 일반적인 코일 스프링 + 토션 빔 액슬 형식으로 변경되었다. 댐퍼를 전방에 오프셋 배치하는 등, 307 및 308과는 또 다른 구성으로 되어 있다. 앞부분은 스트럿(Strut) + 감마(Γ자형(字型) 로어 암(Lower Arm) 만으로 구성했다. 스티어링 기어박스의 장착위치로서 판단해보면, 이 차량은 308에 가까운 설정인 듯하다. 로어 암의 형상은 조금 폭 넓게 변경되었으나, 크로스멤버 내부에서 암 내측 끝을 싸서 안에 넣는 피봇 배치는 답습되고 있다.

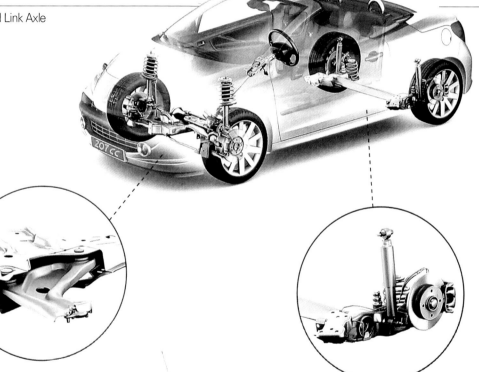

▶ Renault TWINGO

FRONT : MacPherson Strut / REAR : Coupled Link Axle

우물 정(井)자 형상의 크로스멤버에 로어 암을 고정시켜 그 나름대로 강성을 높인 구성이다. 암을 복잡한 형상인 A자형으로 만든 것은 강도 및 강성 분포의 검토 결과에서 나왔을 것이다. 허브 캐리어의 구조에서도 강성 확보에 대한 배려의 흔적이 보인다. 르노 차량은 이전부터 언뜻 보면 약해 보이지만, 차량의 적재적소를 효과적으로 보강하여 강성을 확보하는 방법이 능란한 자동차 메이커이다. 실제로 주행해보면 크기를 초월하여 확실한 주행감을 느낄 수 있다. 댐퍼가 높은 위치에 장착되어 있어 넉넉한 행정을 확보할 수 있는 것이 장점의 하나다.

댐퍼의
기초지식 — Basic knowledge of Damper —

현가장치를 이해하는 데에 있어서 중요한 부품이 댐퍼이다.
자동차의 동역학적 품질(Quality of Dynamics)의 열쇠를 쥐고 있는 댐퍼.
여기서는 댐퍼의 구조나 작동원리 등 기초지식을 정리해 둔다.

글 : 모로즈미 타케히코(両角岳彦) 삽화 : 쿠마가이 토시나오(熊谷敏直),
사진 : 마키노 시게오(牧野茂雄) / ZF-SACHS / PEUGEOT / HITACHI AUTOMOTIVE System Group / BILSTEIN / AUDI / DAIMLER

마운팅 캡
피스톤 로드의 가장 꼭대기 부분 + 어퍼 마운트를 차체에 고정한다.

어퍼 서포트 · 인슐레이터
톱 마운트 및 스프링에 추가되는 진동완충 시트(Seat)

톱(어퍼) 마운트
댐퍼와 스프링의 위쪽을 잡아준다. 각각의 힘을 별도의 전달경로로 차체 측에 전하는 '듀얼 마운트' 가 최근의 주류이다. 그러나 톱 마운트가 너무 유연하면 입력에서 먼저 이곳만 작동하여, 중요한 댐퍼의 초기 작동이 시작되지 못한다.

액시얼 베어링 + 스프링 · 어퍼 시트
앞 현가장치를 스트럿 형태로 하면, 조향 시에 전체를 회전시키는 축회전용 베어링을 필요로 한다. 일본차량에서는 톱 마운트의 댐퍼 축 위에 조립하는 방식이 대부분이며, ZF-Sachs 만큼 응집된 구조는 아니다.

범프 스톱 · 고무
스프링의 압축 행정 상한에서 멈춘다. 좀 더 긴 것을 사용하여 행정 초기부터 작동시켜 스프링 상수를 서서히 높여가는 비선형 2차(Progressive) 스프링 사용법이 주류이다.

코일 · 스프링
현가장치의 주인공은 스프링이다. 상 · 하단이 감긴 상태에서 잘리고, 성형되어 있기 때문에 반력 작용선이 반드시 축선(軸線)과 일치하지는 않는다.

스프링 · 인슐레이터
코일 끝과 스트럿 스프링 시트 사이에 설치되는 완충재(緩衝材 · Buffer Material)이다.

스프링 시트
코일 · 스프링의 아래쪽 스프링받침이다. 차륜에 작용하는 하중, 그에 따라 발생하는 스프링 반력은 이면과 톱 마운트 측 스프링 시트 사이에서 작용한다.

안티 롤 바 링크 부착 부분
안티롤바(Stabilizer=안정장치라는 호명은 부적절)의 작동 암에서 뻗은 링크를 부착시키고, 댐퍼 스트럿에서 발생한 행정을 직접 전달한다.

피스톤 로드
댐퍼를 신장 또는 수축시키는 역할을 한다. 스트럿 형태의 경우는 휠 응력이 작용하므로, 어느 정도의 굵기(강성)가 필요하지만, 댐퍼의 본래의 기능에서 보면 실린더는 굵고, 로드는 가늘다.

어퍼 가이드 & 로드 씰
피스톤 로드의 미끄럼 운동에 대한 가이드, 내부 오일에 대한 씰(Seal)이 설치되어 있다. 당연히 씰에 의한 마찰도 발생한다. 댐퍼의 작동성에서 매우 중요한 부분이다.

리바운드 · 스톱
댐퍼가 늘어날 때의 행정에서 피스톤 상면과 닿아 작동을 멈춘다. 리바운드 · 스프링을 더하는 경우도 있다.

아우터 쉘(Outer Shell)
유압 실린더 전체를 수납하는 외통(外筒 · Outer Tube)이다. 스트럿의 경우는 댐퍼 전체의 응력재(應力材)이기도 하다.

리저버 실(Reservoir Room)
피스톤 로드의 출입에 따른 용적 변화로 생긴 오일을 저장하는 공간.

실린더(Inner Tube)
이중 튜브식의 경우는, 이중 튜브의 안쪽이 피스톤과의 조합으로 작동하는 실린더가 된다.

피스톤밸브 · 모듈
오일 속을 움직이는 피스톤. 밀폐 공간이므로 신장 · 압축 행정에 따라 반드시 피스톤을 통과하여 오일이 이동하고, 여기에서도 감쇠력이 발생한다.

오일
실린더(밀폐)를 채우는 액체로서의 오일이다. 기유(基油) + 첨가제의 작은 차이지만, 누구라도 승차하여 체감할 수 있을 정도로 미묘한 존재이다.

푸트 밸브(Foot Valve)
트윈 튜브형의 경우는, 수축 행정시의 피스톤 로드 침입(侵入) 용적 변화에 따라 여기로부터 리저버 실로 오일이 나간다. 압축 측 감쇠를 만들어 내는 기본기구이다.

허브 캐리어 결합부
스트럿 형태의 경우, 여기에 차륜 측으로부터의 입력이 작용한다.

자동차용 댐퍼의 기본으로서, 오늘날 승용차에 가장 많이 사용되고 있는 이중 튜브식(Twin Tube) 댐퍼이다. 이것을 스트럿 형식에 적용한 구성을 보도록 한다. 코일 · 스프링 = 댐퍼 일 때 동축(同軸) 설계의 경우, 차체와 노면 사이에서 발생하는 힘 · 하중은 톱 마운트 (차체 측)와 댐퍼 · 스트럿에 있는 스프링 시트 사이에서 받는다. 스트럿이 기울어지게 설치되면, 밖으로 돌출된 차축으로부터 힘이 가해지기 때문에 댐퍼에는 휠 모멘트가 작용한다. 이것을 어느 정도 없애기 위하여 스프링 축을 외측으로 오프셋하기도 하지만, 코일 끝단이 감겨져 있기 때문에 그 반력도 사실은 축선을 따라 작용하지는 않는다. 가능한 한 매끄러운 작동을 추구하려는 댐퍼 메이커에서는 오프셋을 실시하고 있다. 코일 · 스프링의 반력 작용선의 확인 및 최적화까지 수행하고 있다.

■ 댐퍼의 감쇠 특성과 표현 방법

▶ 피스톤 속도 = 감쇠력 곡선

댐퍼의 감쇠력과 피스톤 속도의 관계를 나타낸 대표적인 성능선도이다. V/F(속도 점과 힘) 선도라고도 한다. 종축에 감쇠력, 횡축에 피스톤 속도(작동 속도), 0점을 경계로 위쪽에 인장 행정을 아래쪽에 수축 행정 값을 표시한다. 특히 상하의 표기에 정해진 규정이 있는 것은 아니어서 때로는 상하 반대의 표기도 볼 수 있다. 횡축의 피스톤 속도의 수치는 취급 메이커에 따라 각기 다르다. 0.6m가 상한인 것이 있는가 하면 1.2m, 1.5m 등등 각기 다르다. 특정 댐퍼에서의 피스톤 속도에 따른 감쇠력을 알 수 있는 것은 물론이고, 그래프의 기울기에서 전체의 특성을 파악하는 것도 가능하여 튜닝 현장에서 흔히 사용된다.

각 피스톤 속도에 따른 감쇠력 점(Plot)은 일정한 행정을 왕복할 때 나타나는 최대값(감쇠력 피크)이다. 바꿔 말하면, 일정한 피스톤 속도로 움직임이 계속되고 있을 때에는 이 정도의 힘이 나온다는 것을 나타낸다.

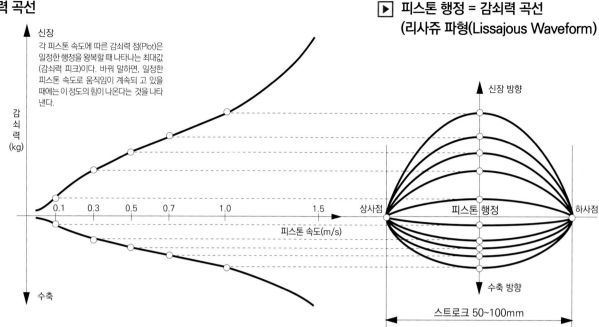

▶ 피스톤 행정 = 감쇠력 곡선
(리사쥬 파형(Lissajous Waveform))

V/F선도 우측의 원환상(圓環狀)의 그래프는, 피스톤 속도 0(제로)점(행정의 터닝 포인트)으로부터 최고 속도까지 도달한 후 다시 제로 속도로 돌아올 때까지의 행정에서 한 일의 양을 나타낸 것이다. 위쪽이 인장 행정, 아래쪽은 수축 행정이며 리사쥬 파형(Lissajous Waveform)이라고 한다(감쇠력, 작동량). 행정의 터닝 포인트에서의 파형 흐트러짐이나, 가장 높은 감쇠력이 나오는 포인트가 피스톤 속도와 합치하고 있는지 등을 체크 할 수 있다. 통상적으로는 원 그래프를 시계 방향으로 돌면서 측정한다. 좌측의 제로 점을 출발하여, 인장 행정의 속도를 올리고, 바로 위가 최고 속도이며 그곳을 지나면 피스톤 속도는 제로를 향하여 감속한다. 그리고 우측의 제로점이 수축 행정의 출발점, 아래 방향을 향하여 속도를 올리다가 고점을 지나서 다시 감속한 후 제로 점으로 돌아온다. 이것으로 1행정이 끝난다. 측정 시에는 연속해서 계측하는 것이 상례이다. 아래의 삼각 주먹밥 형상의 리사쥬 파형은, 피크 포인트가 최고 속도와 합치하지 않는 것을 측정한 모니터이다. 오일에서 기포가 발생한 상태(공동현상(空洞現象 · Cavitation))가 연속되면 이러한 결과가 되는 경우가 있다.

■ 실제 주행에서의 현상과 피스톤 속도의 관계

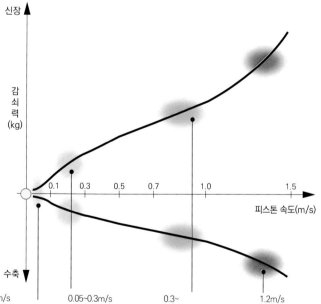

0~0.05m/s
저속 영역 행정의 시작과 행정이 수렴 할 때의 피스톤 속도. 봉입 가스압력, 마찰, 오리피스 감쇠력 등, 많은 요소가 혼재되어 있는 영역.

0.05~0.3m/s
오리피스 영역에서 밸브 영역의 입구 부근까지의 피스톤 속도. 핸들 조작에 대해서, 롤 스피드, 차체의 응답성 등의 성격을 정하는 영역이다. 피칭(Pitching)이나 바운싱(Bouncing)등 느린 차체의 상하진동 수습까지의 행정에 미치는 영향이 크다. 승차감에 대한 인상에도 포함되는 영역이다.

0.3~
차체가 크게 상하로 움직이는, 또는 재빨리 롤링을 없애는 경우에도 효과를 나타낸다. 감쇠 볼륨을 올리면 안정 방향으로 가지만 반면에 승차감은 딱딱해지는 쪽으로 향한다. 필요에 따라 그 만큼만 조정하는 것이 튜닝의 포인트이다.

1.2m/s
피스톤 속도가 빠르며 푸트밸브의 포트 면적, 피스톤 포트 면적의 크기가 특성을 좌우하기 시작하는 영역이다. 고속주행 시, 단차(段差턱)가 큰 과속 방지턱을 통과할 때 등, 수축하는 측의 피스톤 속도는 이 영역이 한 순간이긴 하지만 영향을 준다. 마찬가지로 현가장치 하부에서 덜거덕거릴 때 등, 인장 행정에서 이 영역이 나타난다.

■ 피스톤 속도에 의한 감쇠력
(減衰力 · Damping Force) 발생

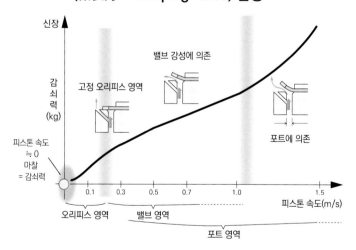

피스톤의 속도가 느린 속도영역에서는 통과 오일 양도 적기 때문에, 안정된 값을 얻기 위해서는 밸브로써는 강성이 너무 높아서 미세한 컨트롤이 어렵다. 따라서 고정 오리피스(Orifice)에서 담당한다. 조금씩 피스톤 속도를 올리면 오리피스만으로는 통과 양이 서서히 부족하게 되어, 밸브 영역으로 이행(移行)된다. 밸브가 필요한 양에 비례하여 통로가 넓어지지만, 이것으로도 한계가 생기면 여기서 부터는 피스톤의 포트가 담당한다. 이때 통과 유량(流量)의 2승 곡선이 되는 저항이 발생된다. 이 대표적인 조합에 대하여, 신장 행정의 그래프 특성이 포화형(飽和型 · Digressive 또는 3분의2승 형)이 된 것도 있다. 포트 특성이 나오지 않도록, 밸브 특성을 주로 하여 감쇠를 발생하는 방법이다.

감쇠력을 만드는 구조 — 실린더는 안에 오일을 항상 가득 채운 채로 작동하여 힘을 만든다.

삽화 : 쿠마가이 토시나오(熊谷敏直)

▶ 수축 = 수축 행정

수축 행정
Compression Stroke

피스톤이 아래 방향으로 움직이면 오일은 피스톤 하부실(下部室)에서 상부실(上部室)로 이동한다. 동시에 로드(Rod)가 실린더 안으로 들어가면 보디 밑바닥의 푸트 밸브(Foot Valve)를 통과하여 리저버 실(Reservoir Room)로 나간다. 이 두 개의 과정이 트윈 튜브식 댐퍼의 감쇠력 발생 구조이다. 수축시 감쇠력의 발생은, 피스톤 부(部)에서 발생시킨다와 발생시키지 않는다는 2종류로 나뉜다. 우선, 피스톤 측에 체크 밸브가 구비되어 있는 형식이다. 로드 체적분의 오일 이동에 따라서 푸트 밸브에서 감쇠가 발생한다. 피스톤 부의 체크 밸브는 오일 통과에 따른 저항분 정도의 감쇠는 있지만, 그 값은 적다. 두 번째는 피스톤 측에도 밸브를 설치한 형식이다. 체크 밸브 대신에 감쇠 밸브를 장착하여, 푸트 밸브에서의 감쇠력은 물론 피스톤 부를 통과하는 오일에 의해서도 감쇠를 발생시켜, 쌍방의 합계가 댐퍼의 감쇠력이 되는 구조이다. 다만 양자의 균형을 유지할 필요가 있으며, 더불어 안쪽 튜브 안의 오일을 몰아내지 않는 범위에서 피스톤부의 감쇠력을 담당하는 것이 중요하다.

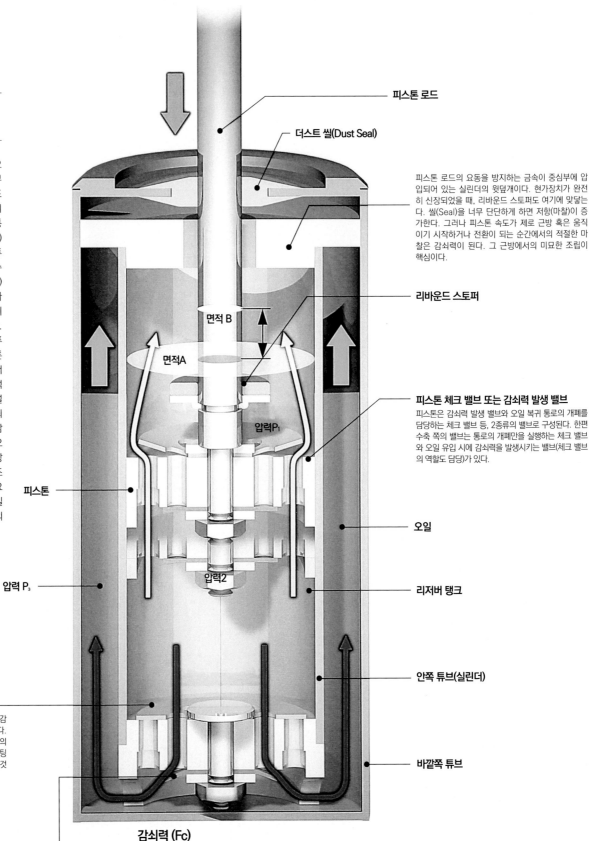

피스톤 로드

더스트 씰(Dust Seal)

피스톤 로드의 요동을 방지하는 금속이 중심부에 압입되어 있는 실린더의 윗덮개이다. 현가장치가 완전히 신장되었을 때, 리바운드 스토퍼도 여기에 맞닿는다. 씰(Seal)을 너무 단단하게 하면 저항(마찰)이 증가한다. 그러나 피스톤 속도가 제로 근방 혹은 움직이기 시작하거나 전환이 되는 순간에서의 적절한 마찰은 감쇠력이 된다. 그 근방에서의 미묘한 조립이 핵심이다.

면적 B

면적A

리바운드 스토퍼

압력P₁

피스톤 체크 밸브 또는 감쇠력 발생 밸브

피스톤은 감쇠력 발생 밸브와 오일 복귀 통로의 개폐를 담당하는 체크 밸브 등, 2종류의 밸브로 구성된다. 한편 수축 쪽의 밸브는 통로의 개폐만을 실행하는 체크 밸브와 오일 유입 시에 감쇠력을 발생시키는 밸브(체크 밸브의 역할도 담당)가 있다.

피스톤

압력2

오일

압력 P₃

리저버 탱크

안쪽 튜브(실린더)

오일 리턴 통로 체크 밸브

수축시 감쇠력이 발생할 때에는 닫혀 있지만, 감쇠력 발생 밸브로의 통로 쪽 구멍은 열려 있다. 밸브와 스프링의 역할을 겸한 디스크를 중앙의 볼트(또는 이음매용 핀)로 고정한 것과, 플로팅 밸브를 판 스프링(Leaf Spring)으로 꽉 누르는 것 등 2 종류가 있다.

바깥쪽 튜브

감쇠력 (Fc)
$$F_C \propto A \times (P_2 - P_1) + B \times (P_2 - P_3)$$

수축시 감쇠력 발생 밸브

반동 행정
Rebound Stroke

피스톤이 실린더 내에서 위 방향으로 이동하면, 오일은 피스톤 상부실(上部室)에서 하부실(下部室)을 향하여 이동한다. 피스톤부의 오일 유로(流路)에 감쇠밸브를 설치하여 감쇠력을 만들어 내는 것이 신장 측의 매카니즘(Mechanism)이다. 즉, 늘어나는 쪽으로의 감쇠력 발생은 주로 피스톤부에 의하여 행해지고 있다. 한편, 피스톤 상부/하부실 간 오일의 이동과 동시에, 피스톤이 실린더 실에서 빠져 나감으로써 감소된 부피만큼의 오일은, 리저버 실(Reservoir Room)에서 보디 밑 부분의 체크 밸브를 밀어 올리며 되돌아와 인너 튜브(Inner Tube) 안을 오일로 채우도록 설계되어 있다. 피스톤 로드의 부피로 오일을 흡입하여 되돌리는 이론이며, 예전에 '오일 댐퍼'라고 부르던 시기에는 실제로 그 매커니즘으로 오일의 복귀가 발생하였지만, 현재의 주류인 가압식 댐퍼에서는 이너 튜브의 압력이 한 순간이라도 내려가면, 리저버 실 쪽에 걸리는 압력에 의하여 오일이 되밀려가는 구조로 되어 있다.

피스톤

감쇠커브 특성을 결정하는 것은 피스톤 밸브의 착좌형상(着座形狀 Seat형상)에 따른다. 크게는 포트구멍을 직접 밸브로 닫는 것과, 밸브 외연 (가장자리)이 닿을 듯한 원형시트라고 부르는 것이 있다. 포트 구멍을 밸브로 닫는 형식은 선형(Linear) 특성이라고 불리는 비례형 특성이 되고, 원형 시트타입은 포화형(3분의 2승형) 특성이 된다. 체크밸브는 신장행정의 통로구멍이 열려 있어 스프링과 디스크를 검하고 있는 형식과, 스프링으로 꽉 누르고 있는 플로팅(Floating) 형식이 있다. 감쇠력을 발생시키는 디스크는 판압(板壓), 매수(枚數), 외경이 다른 여러 크기의 것 등을 조합하여 감쇠력의 크기나 특성을 결정한다.

가스실

면적B

면적A

압력P₁

유면의 이동

신장시의 감쇠력 발생 밸브

압력P₂

압력 P₃

체크 밸브 보디

푸트 밸브 보디

감쇠력 (Ft)
$$Ft \propto A \times (P_1 - P_2) + B \times (P_2 - P_3)$$

▶▶▶ 트윈 튜브식 댐퍼 | Twin-Tube Type Damper

■ Peugeot 순정 댐퍼의 체크밸브 특징

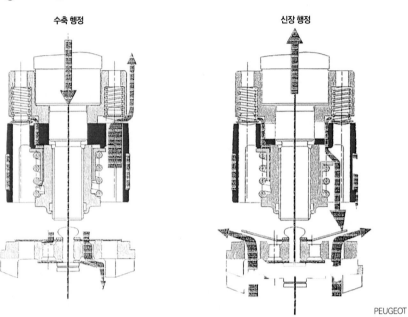

수축 행정　　　　　　　　　신장 행정

PEUGEOT

Peugeot의 순정 댐퍼의 체크 밸브의 특징. 피스톤에 4개의 구멍이 나있어, 반구형(半球型) 밸브가 코일 스프링에 의해 눌리면서 씌워져있다. 특징은 4개의 밸브가 리프트 양과 모양이 똑같은 스프링이 아니라, 한 개는 리프트 양이 적고 구멍의 직경이 크며 스프링도 부드러워 설정값도 낮으며, 다른 두 개의 밸브는 구멍의 직경이 작고 스프링도 약간 강하며, 설정값도 높고, 나머지 하나는 구멍의 직경이 두 번째로 크지만 스프링이 최강으로 설정값을 크게 하는 등 구분되어져 있다. 수축 쪽 감쇠력의 컨트롤과 체크밸브로서의 극소 행정 응답성을 높이고 있다. Peugeot 이외에서 이런 기구를 본 적이 없다.

■ 트윈 튜브식 댐퍼의 밸브

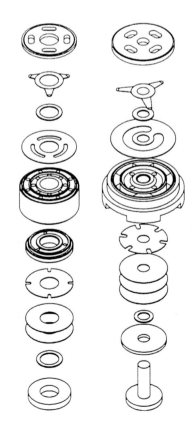

트윈 튜브식 댐퍼는 고안된 이후로 구조나 구성 부품이 그렇게 크게 변한 것은 없지만, 각각의 부품 형상에는 전부 의미가 있다고 말할 정도로 꾸준히 개량이 거듭되어 왔다. 눈에 보이건 안보이건 개량되어 온 것에는 노하우가 축적되어 있다. 비용측면에서 값싸고, 양산이 가능하고, 조립도 간단하며 유압 장치로서의 정밀도는 높게 유지되며 내구성도 확보되어 있다. 승차감도 좋고 조종성도 좋아지도록 다양한 차량 및 타이어에 대한 대응을 해야 한다. 댐퍼에 요구되는 조건은 엄격하며 그래서 어렵다. 그림의 좌측이 피스톤부의 세트(사진의 피스톤과는 인장 쪽 부품에 차이가 있다). 우측 열이 보디부의 세트이다. 이 피스톤 조합의 경우, 피스톤 위 한 장의 디스크는 체크 밸브이며, 수축 행정에서는 오일을 통과시킬 뿐으로 감쇠력은 발생시키지 않는 구조이다. 수축 행정의 감쇠력은 우측 보디부의 노치(notch) 디스크와 그다음 3장의 디스크에 의하여 발생한다. 신장측의 디스크는 피스톤의 아래쪽에 그려진, 노치 디스크와 2장의 디스크, 합계 3장. 이에 이들이 감쇠력을 만들어내는 역할을 하고 있다. 보디부 위쪽에 홈이 있는 디스크는 체크밸브이다. 두 개 위에 위치하는 삼발이 모양의 판스프링으로 착좌(着座)시키고 있다.

▶▶▶ 모노 튜브식 댐퍼 | Mono-Tube Type Damper

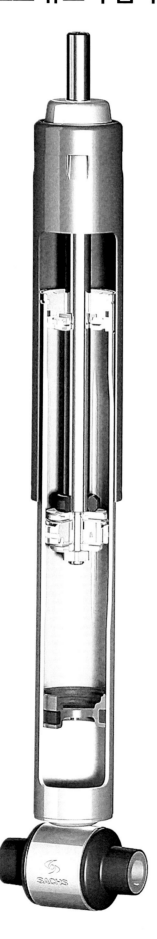

■ 모노 튜브식 댐퍼 밸브

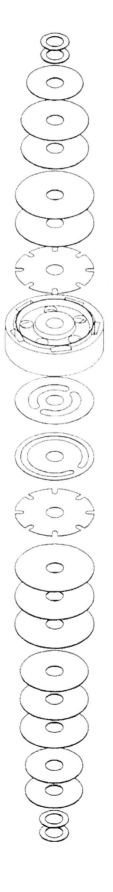

■ 도립 배치 모노 튜브식 스트럿

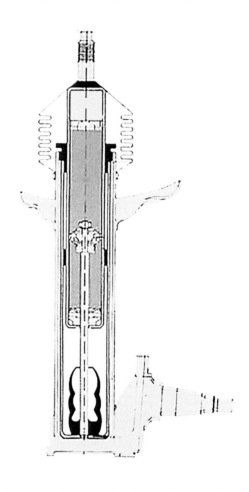

최근에는 좀처럼 볼 수 없는 스핀들(Spindle)이 있는 스트럿이다. 모노 튜브식 댐퍼를 조립한 스트럿(Strut)으로 도립식(倒立式 逆立式)이라고 한다. 좌측 그림의 모노 튜브식 댐퍼를 상하 거꾸로 하여 스트럿의 큰 역할인 횡력(橫力 · Lateral Force)을 실린더에서 담당하도록 한 것이다. 횡강성(橫剛性)이 높아진다고 하지만, 실린더 슬라이딩 슬립(Sliding Slip) 부분의 마찰 등 승차감에 영향을 주는 경우가 있다.

모노 튜브식 댐퍼의 밸브 구성도이다. 피스톤을 중심으로 위쪽의 첫 장이 고정 오리피스에 노치가 있는 디스크, 그 위에 외경이 다른 5매의 디스크가 수축 쪽 감쇠력을 결정하는 메인 디스크, 최상부의 직경이 작은 와셔는 메인 디스크의 휨을 결정짓는 부품이다. 피스톤 아래쪽에 홈이 있는 디스크 2매는 체크밸브 역할을 하는 것으로서, 수축 행정에서는 오리피스 디스크를 통한 오일을 통과시키고, 신장(伸長) 행정에서는 닫혀져 오리피스 디스크에 오일이 흐르게 못하게 하는, 일방통행 상태가 되도록 하는 역할을 한다. 그 아래쪽에 있는 것은 메인디스크이다. 매수가 많은 것은 신장 쪽 감쇠력이 크기 때문이다.

감쇠력의 튜닝은 메인디스크의 판 두께 차이, 외경 차이, 매수(枚數), 오리피스 역할을 하는 노치가 있는 디스크 등의 조합으로 실행된다. 실린더 하부에 있는 프리 피스톤(Free Piston)에 의하여 오일의 분리가 일어나고, 고압가스를 봉입(封入)하여 수축 쪽에서 발생하는 감쇠력에 따라 압력이 유지되고 있다.

봉입 압력은, 수축 쪽 감쇠력의 설정에 따라서 정해지고 있다. 그러나 모노튜브의 커다란 특징으로서, 수축 쪽에 커다란 입력이 갑자기 생기면 피스톤부의 오일이 제 때 통과하지 못하여, 피스톤과 하부의 오일이 프리 피스톤과 함께 아랫방향으로 움직여, 가스 스프링 상태가 된다. 결과적으로 피스톤 상부실(上部室)에 공간이 생기지만, 다음의 신장 행정에서 공간이 메워지면 통상의 신장 행정으로 되돌아가 연속되지는 않는다. 이 현상은 수축 행정의 발생, 감쇠력의 상한(上限) 컷과 같은 역할도 있어, 상태가 나쁘다고는 간주되지 않는다.

▶▶▶ 주파수 감응식 감쇠력 가변기구 | Mercedes-Benz "Selective Damping System"

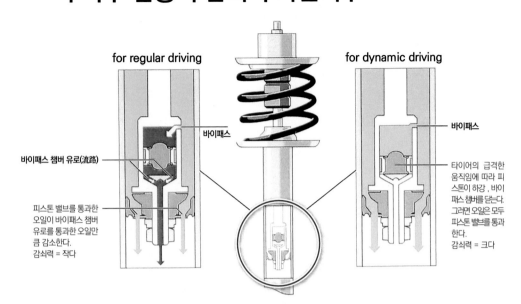

for regular driving

바이패스

바이패스 챔버 유로(流路)

피스톤 밸브를 통과한 오일이 바이패스 챔버 유로를 통과한 오일만큼 감소한다.
감쇠력 = 작다

for dynamic driving

바이패스

타이어의 급격한 움직임에 따라 피스톤이 하강, 바이패스 챔버를 닫는다. 그러면 오일은 모두 피스톤 밸브를 통과한다.
감쇠력 = 크다

피스톤 로드 도중에 작은 챔버 실(Chamber Room)이 있고, 그 속에 고무로 된 추(錘)가 상하로 조금 움직일 수 있도록 틈새를 두고 세트되어 있다. 미세한 입력의 경우는 밸브가 열리기 전에 챔버에 압력이 걸리면 추가 밀려서 오일이 이동하며, 진동 입력의 경우는 이것이 되풀이되어 추의 상하 이동만큼의 오일이 오리피스의 저항만으로 오르내리며 낮은 감쇠력을 발생시킨다. 행정이 늘어나면 추(Pendulum)는 한 방향으로 밀려서 움직임을 멈추고, 동시에 챔버 안의 오일의 이동도 멈춘다. 피스톤 밸브가 작동하게 되면서 높은 감쇠력이 발생, 미세한 행정과 고주파의 감쇠를 흡수하는 메커니즘이다.

▶▶▶ 자성 유체식 감쇠력 가변기구 | Delphi "Magna Ride"

자성유체(磁性流體 · Magnetic Fluid)를 사용하여 감쇠력을 변화시킨다는, 종래의 오일과 그 유로(流路) 및 밸브에 의한 감쇠력 발생이라는 댐퍼의 기본 원리로부터 벗어난, 감쇠력가변제어 시스템의 대표적인 예가 Delphi가 제품화하고 Audi나 Ferrari 등이 사용하고 있는 마그나 라이드(Magna Ride)이다. 자성유체는 마이크론 크기의 철(Fe)계 금속 등 자성체 미립자에 계면활성제(界面活性劑 · Surface Active Agent) 등을 첨가하여, 석유계 오일 등의 액체에 균일하게 분산(分散)시킨 것이다. Magna Ride는 실린더에 자성유체를 채운 후, 그 속에서 움직이는 피스톤에 유체의 통로를 설치하고 거기에 전자석으로 자계를 만들어 감쇠력을 발생시키는 구조이다. 오른쪽 그림의 왼쪽 위는 자계가 존재하지 않는 상태. 아래는 전자석에 의하여 자계가 생겼을 때의 상태이다. 자계에 들어가면 자성체가 서로 끌어당기는 상태로 배열되고, 힘이나 움직임에 대하여 단단해진다. 오른쪽은 작동 이미지이다. 신장 측의 행정으로 자성유체가 피스톤의 원주(圓周) 슬릿(Slit) 위의 통로를 하부실(下部室)쪽으로 움직인다. 여기서 전자석에 전류를 통하면 유체의 점성(粘性)이 높아져 흐르기가 어려워진다. 그 결과, 상부실(上部室)의 압력이 높아지고, 상부/하부실의 압력차이가 피스톤 단면적에 대응하여 작용한다.

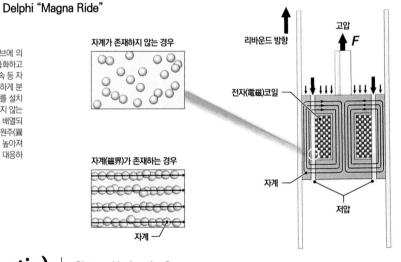

자계가 존재하지 않는 경우

자계(磁界)가 존재하는 경우

자계

고압

리바운드 방향

F

전자(電磁)코일

자계

저압

▶▶▶ 하이드로 뉴매틱(Hydropneumatic) | Citroen Hydractive3

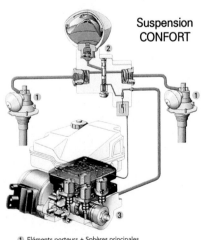

Suspension CONFORT

1 Eléments porteurs + Sphères principales
  Front suspension Struts + Sphere
2 Régulateur de raideur + Sphère additionnelle
  Rear Stiffness regulator + Sphere
3 BHI : Bloc Hydro-électronique intégré
  Integrated hydrotronic unit

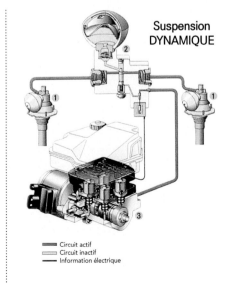

Suspension DYNAMIQUE

▬ Circuit actif
▭ Circuit inactif
— Information électrique

세련된 차고조정기능(車高調整機能)을 가진 현가장치(Suspension System)의 일례로 Citroen 하이드로 뉴매틱이 있다. 스피어(Sphere)라고 하는 둥근 모양의 구체를 다이어프램(Diaphragm)으로 칸막이하여 그 속에 봉입된 질소가스에 의한 기체 스프링과, 그 반대쪽에 충전된 LMH라는 작동액(作動液, 오일), LMH가 스피어에서 배관 네트워크로 출입하는 '입구' 부분에 조립된 적층(積層) 디스크형(型)의 감쇠밸브로 구성되어 있다. LMH는 질소가스의 체적변화와 서로 연동하면서 댐퍼 역할을 담당한다. 좌측 그림은 최신의 Hydractive3이며, 유압원(油壓源)으로 전동모터를 구동하여 전자제어(電子制御) 폭을 넓히고 있다.

▸▸▸ 쿠니마사 히사오(國政久郞)씨가 고안한, 완전히 새로운 구조의 기계식 댐퍼

알루미늄제 리바운드 스톱. 신장 행정할 때 이것이 메탈가이드와 접촉하면 피스톤로드의 신장이 멈춘다. 리바운드 스프링은 없다.

중공(中空) 피스톤은 상하 디스크와 측면의 원통(圓筒)을 구비한 3피스 구조이다. 실린더와 접하는 면에는 폭이 넓은 홈이 있고 수지제(樹脂製) 씰이 빙 둘러져 있다. 이 부분의 씰 특성은 약해서 피스톤 링과 같은 작용을 한다. 디스크 면에 뚫린 오일 통과를 위한 포트(구멍)는 챔퍼(Chamfer)를 하지 않았는데 이렇게 함으로써 소용돌이 발생을 쉽게 한다는 것이 유체 해석에서 증명되었다.

중공(中空) 피스톤을 사이에 두고 위치하는 디스크로부터, 피스톤 측을 향하여 6개씩의 체크밸브가 설치되어 있다. 포트 직경은 6mm이다. 피스톤 내의 압력이 높아지면 이 체크밸브가 열려서 오일의 '탈출구'가 확보된다. 이 그림에서는 위쪽이 '수축'용, 아래쪽이 '신장'용이 된다. 작동하기 쉽게 스프링은 가늘고 유연한 것이 장착되어 있으며 속에 가이드 핀은 들어있지 않다.

실린더 상부의 '덮개' 아래에 있는 메탈 가이드이다. 검은 부분은 수지제(樹脂製)이고, 그 외는 알루미늄제이다. 피스톤로드는 상하 2개소에 오일 씰로 죄어져 있지만 고압가스 봉입은 아니기 때문에 그 정도로 심하게 죄어져 있는 것은 아니다. 메탈가이드도 상하로 움직임이 가능하고 실린더와 접하는 부분에는 오링이 있으며 수지부분에는 홈이 성형되어 있다. (우측 참조)

실린더는 항상 Ⓐ Ⓑ Ⓒ 3실로 나뉜다. 피스톤로드가 아래로 내려가고 Ⓒ의 압력이 높아지면(수축 쪽) 오일의 통과에 따라 Ⓐ와 Ⓑ는 거의 같은 저압으로 유지된다. 피스톤로드가 위로 움직였을 경우 (신장)는 Ⓐ의 압력이 늘어나고, Ⓑ와 Ⓒ는 거의 같은 저압이 된다

상하 디스크에 고정되어 있는 포핏 밸브는 합계 12개이다. 6개 × 상하(2개)로 배치되어있다. 포트 직경은 8mm. 중심에는 리프 탕을 제한하는 역할을 할 수 있는 가이드 핀이 있다. 이 그림에서는 설치부분에 와셔(washer)가 1매 삽입되어 있다. 이와 같이 미리 스프링 길이를 규제하여 밸브가 열리기 시작하는 포인트를 조정할 수 있다. 밸브가 열리고 가운데 피스톤 실내로 오일이 진입하면 곧 체크밸브가 열리도록 되어 있다.

피스톤로드는 속이 비어 있다. 중심에 직경 4mm의 오일 통로가 있고, 이 통로가 따로 마련된 리저브 탱크(reservoir tank)로 연결되어 있다. 측면에 작은 구멍이 있고 포핏밸브의 동작에 따라 그 구멍을 통해 오일의 압력이 전달된다.

디스크 면에 뚫려진 구멍(포트)과 우산 모양으로 되어있는 포핏 밸브는 선(線) 접촉하고 있다. 밸브 머리 꼭대기에 조금이라도 압력이 걸리면, 이 접촉이 풀리어 오일이 포트를 통해 흐른다.

신장 행정 및 수축 행정에 포핏 밸브(Poppet Valve)가 6개씩있기 때문에, 디스크밸브로 수행하는 종 방향의 합이 되는 밸브강성에 대한 감쇠력 곡선의 자유도는 비교도 되지 않을 만큼 넓다. 봉입 압력을 매우 낮게 설정할 수도 있고 고압가스 레벨에서도 작동시킬 수 있다. 이것은 피스톤의 속을 비게 함으로써 무풍지대(無風地帶)로부터 리저버 탱크에 연결되어 있기 때문이다.

그림에서 보는 바와 같이 실린더 내에는 피스톤만 있을 분, 푸트 밸브(Foot valve)도, 프리 피스톤(Free Piston)으로 나누어진 리저버 실(Reservoir Room)도 없다. 피스톤로드가 실린더 내로 들어갈 때, 오일은 중공구조의 피스톤로드를 통과한 후 로드 선단에 직렬로 배치된 리저버 탱크(그림에는 없다)로 탈출한다. 프리 피스톤을 통하여 가스가 봉입되어 있다. 압축행정(壓縮行程)에서는 피스톤 내부에 있는 포핏 밸브 중 스프링 아래쪽에 위치한 것들이 감쇠력을 발생시킨다. 이 때, 피스톤 하부실의 압력이 오르고, 피스톤 내부와 피스톤 상부는 대기압력 그대로이다. 신장 행정에서는 피스톤 내부에 있는 스프링 위쪽에 위치한 밸브가 감쇠력을 발생시킨다. 이 때, 피스톤 상부실은 압력이 오르지만 피스톤 내부와 피스톤 하부실은 대기압력 그대로이다. 짧은 스프링으로 지탱되고 있는 밸브는 상하 모두 체크밸브의 역할을 담당한다. 신장행정이나 수축행정 모두 피스톤 내부는 대기압력이므로 감쇠력에 의한 압력 변동을 받지 않는 '무풍지대(無風地帶)'가 된다. 마찬가지로, 어느 방향의 행정이라도 고압실의 반대쪽은 항상 대기압력으로 일정하다고 할 수 있다. 이런 점에서 오일의 복귀 지연이나, 압력의 시작 지연 등을 높은 수준으로 회피할 수 있다. 실험적 댐퍼라고는 하지만 그 작동이 정확하며, 애매모호함은 없다. 종래의 좁은 틈새를 통과시킬 때의 저항을 이용하는 댐퍼와는 달리, 압력에 대하여 반응하는 릴리프 형(Relief Type Damper)이라고도 할 수 있다. 이에 따라 오일의 점도 의존성이 낮아 +20 ∞ 30℃ 사이의 변동은 간과할 수 있는 수준이다. 오랜 세월 댐퍼를 튜닝하면서 얻은 경험에서, 마음에 걸리는 점을 개선하고 단통식과 복통식의 장점만을 따서 만들 수는 없을까 하는 발상으로 고안하였다. 수동적인 구조의 댐퍼로서, 어디까지 공략할 것인가를 생각하게 하는 한 수이기도 하다.

뒤 현가장치에 대한 관점
(Viewpoint of **rear suspension**)

후륜구동차(後輪驅動車 · FR : Front Engine Rear wheel drive)의 뒤 현가장치에서 가장 중요한 포인트가 되는 것은, 구동 차축 현가장치의 차체 측 설치 지점에 요동축(搖動軸)의 배치이다. 전후방향, 회전방향 각각에 큰 힘이 걸리는 것은 물론, 코너링 시의 후륜에는 횡 방향으로도 커다란 힘이 걸린다. 이 힘의 영향을 받지 않아야 함과 동시에, 구동력의 ON 및 OFF에 의한 주행라인의 변화를 최소로 해야 한다. 이렇게 하기 위해서는 후륜을 단단히 지탱하고, 현가장치의 작동에 따른 타이어가 접지면에 대한 영향을 가능한 한 억제하는 것이 중요하다. 그 궁극적인 형상의 하나로 Porsche 911(930계)이 사용한 풀 트레일링 암(Full Trailing Arm)이 있다. 이런 구성이라면 횡 방향 힘의 영향을 완전히 없앨 수 있다. 대신에 가 · 감속에 따르는 리프팅(lifting) 및 바토밍(bottoming)은 커지지만, 그것을 기하학적 결합구조 등으로 대처한다는 개념의 구성방식이다. 하지만 일반 승용차의 경우, 설계상 제약도 많다. 예를 들면 횡방향의 강성(剛性)을 확보하기 쉬운 것은 더블 위시본식이지만, 차실 공간과의 균형측면에서 대부분의 차량이 암(Arm)의 길이가 짧은 In-Wheel Type을 사용한다. 그러나 암의 길이가 짧은 더블 위시본식은 암의 각도 변화에 의한 횡 방향으로 부터의 입력 영향이 커지는 경향이 있다. 가능한 암 길이를 길게 하여 감도(感度)를 낮추고 싶지만, 이것이 어려울 경우에는 안티 롤 바(anti Roll Bar)를 활용하는 등, 어떠한 방법을 사용하더라도 대책을 세우지 않으면 안 된다. 각 차량이 어떻게 대처하고 있는지를 살피면서 비교하기 바란다.

서 스 펜 션 도 감 **2**

후륜 구동차의 현가장치

Suspension illustrated 2 : **Rear-wheel drive car**

요즘은 주류의 자리를 FF에 넘겨주고, 대형 saloon이나 고성능 및 고급지향 모델에 한정된 감은 있지만,
전륜과 후륜으로 완전히 '분업'하는 후륜 구동차의 승차감은 독특한 매력이 있다고 알려져 있다.
그 '동역학적 품질(Quality of Dynamics)'을 더욱더 향상시키는 현가장치의 설계 목표는 어떤 점에 있을까?

앞 현가장치에 대한 관점
(Viewpoint of **front suspension**)

파워 패키지(Power Package)를 앞에 가로로 배치 하는 경우, 현가장치 구성부품은 옆쪽으로 내밀리면서 전후로 긴 배치가 된다. 피봇의 전후 스팬(Span)은 확보하기 쉽고, FF와 비교하면 공간도 확보하기 쉬우므로, 어퍼 암(Upper Arm)을 사용하는 형식이 주류가 되고 있다. 후륜구동차의 앞바퀴는 조향만을 담당하기 때문에, 구성상 주목적은 방향안정성(方向安定性 · Directional Stability)의 확보이다. 직진 시에는 구동륜인 뒷바퀴와 비교하면 유동륜(遊動輪 · Idle Wheel)이 되므로, 똑바로 달리기 위한 역할이 요구된다. 다음으로 코너링으로 이행해 가는 과정에서는, 가속페달을 밟거나 놓는 정도에 따라 하중 변동이 크며 이것이 조종성에 큰 영향을 미친다. 그리고 고(高)출력 차량의 경우, 코너링 중에 가속을 하면 앞쪽의 하중이 뒷쪽으로 이동함에 따라, 뒷쪽으로 밀어내듯이 힘이 작용하여 진로가 빗나가는 이른바 언더스티어 경향성에 대한 대책도 중요한 목표가 된다. 한마디로 말하면 '조향의 안정감'을 어떻게 확보할지가, 후륜구동차의 앞 현가장치에 중요한 목표가 된다. 구체적인 대책의 하나는, 하중이 실린 상태에서 범프 스티어(Bump Steer)를 잘 이용하여 자연스런 반응으로 조정하는 방법이다. 구체적으로는 캐스터 각(Angle of Caster)을 크게 하고 트레일 양으로 조정하는 것이 일반적이며, 벤츠(Mercedes)와 마쓰다(Mazda)는 전통적으로 하이 캐스터 및 쇼트 트레일 설정을 하고 있다. 범프 스티어에서는 로어 암(Lower Arm)과 스티어링 기어박스(Steering Gear Box) 및 타이 로드(Tie rod)의 위치관계도 중요하다. 이상적인 것은 같은 높이에 배치함으로써 범프 스티어의 변동이 가장 자연스러워진다.

BMW 3Series(E90)

» MERCEDES BENZ E CLASS (W212)

원점으로 되돌아간 '긴 댐퍼 스트럿'의 위력을 통감, 댐퍼의 용량·구조에도 기술이 있다.

삽화 : Citroen / Peugeot   사진 : DAIMLER

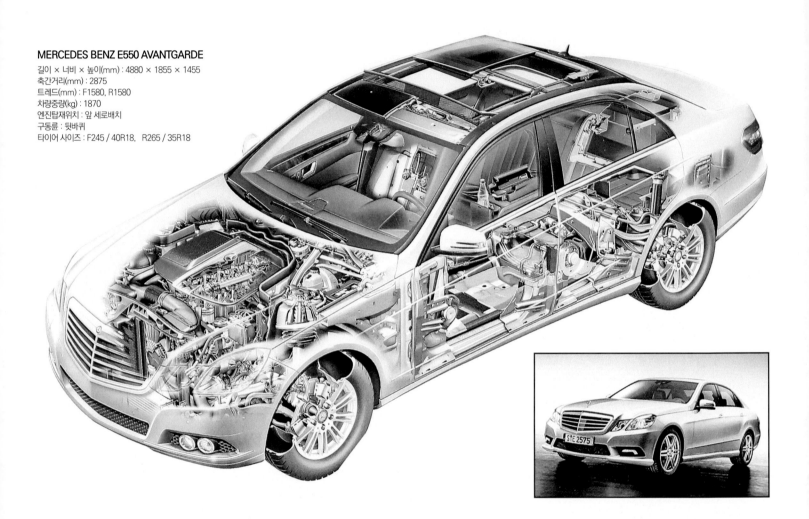

MERCEDES BENZ E550 AVANTGARDE

길이 × 너비 × 높이(mm) : 4880 × 1855 × 1455
축간거리(mm) : 2875
트레드(mm) : F1580, R1580
차량중량(kg) : 1870
엔진탑재위치 : 앞 세로배치
구동륜 : 뒷바퀴
타이어 사이즈 : F245 / 40R18, R265 / 35R18

현가장치의 구성요소를 가급적 단순화하면 차륜, 차륜을 고정하는 허브(Hub), 차체와 허브를 연결하는 연결요소(Link), 차체의 중량을 지탱함과 동시에 움직임을 규제하는 주 스프링(Main spring), 노면으로부터의 충격을 흡수·완화하면서 역시 차체나 차륜의 움직임을 규제하는 댐퍼(Damper), 그리고 조향장치(操向裝置), 부시(Bush)종류가 된다. 이 요소부품들을 어떠한 구조로 할 것인가? 어떻게 배치할까? 에 따라서 현가장치의 기본구성이 결정된다. 이번에는 이들 요소부품 중에서 '주 스프링'에 주목해보고자 한다. 통상, 자동차 현가장치의 주 스프링에는 금속 스프링이 사용된다. 가장 대표적인 것은 스프링 강(鋼)의 선재(線材)를 나선(螺旋)모양으로 성형한 코일 스프링이지만, 스프링강제인 강봉(鋼棒)을 그대로 스프링으로 이용하는 비틀림 봉 스프링(Torsion Bar Spring)이 사용되기도 한다. 그리고

금속이 아닌 공기를 밀폐한 '통(筒)'을 스프링으로 이용하는 것도 있다. 이것이 소위 '압축공기식 현가장치(Air suspension)'이다.

압축공기식 현가장치의 사용 목적은 비선형 특성과 차량높이의 조정에 있다.

공기 스프링에도 몇 가지의 종류가 있는데 자동차 현가장치에 사용되는 것은 '벨로우즈(Bellows)'라는 주름통 구조의 것이 주류이다. 주름 통이 위 아래로 신축하도록 장착되어, 코일 스프링과 마찬가지로 수직방향의 하중을 받아내면서 차체의 움직임을 규제한다. 압축공기식 현가장치를 사용하는 목적은 크게 나누어서 두 가지라고 생각해도 좋다. 우선, 공기스프링이 지닌 비선형특성(非線形特性)을 이용하여 승차감을 향상시키는 것이

다. 일반적인 코일 스프링은 가해진 하중에 따라서 일정한 비율로 반발력이 증가해가는, 선형(Linear) 특성이므로 승차감 향상을 위하여 스프링 상수를 낮추는 데에는 한계가 있다. 상수가 낮은 스프링으로 중력가속도 1g의 상태에서 차량 높이를 확보하고, 아울러 스프링 행정를 확보할 수 있는 선간(線間)을 유지하기 위해서는, 스프링이 매우 길어지기 때문이다. 물론, 코일 스프링에 비선형 특성을 갖게 하는 것도 가능하지만, 공기스프링을 이용하면 지극히 보통의 벨로우즈를 사용하는 것만으로도 하중이 늘어남에 따라 반발력이 점차 증가하는 비선형(Progressive) 특성을 가지게 할 수 있다. 나아가 중력가속도 1g의 상태에서 차량 높이 확보도, 스프링 행정의 설정도 보다 용이하게 할 수 있다. 이런 점을 이용하여, 평상 시에는 부드러운 스프링 상수로 승차감을 향상시키고, 큰 하중이 걸렸을 때에는 높은 스프링 상수를 통

AIRMATIC 현가장치

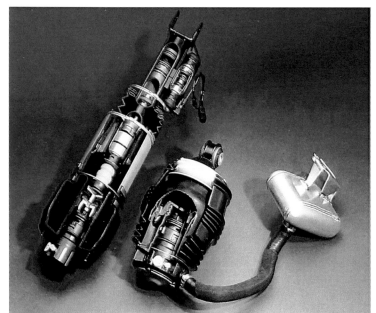

좌측 사진은 이전 세대인 E CLASS의 것으로, 왼쪽이 앞쪽용 공기스프링 & 댐퍼 유닛의 컷 모델이다. 사진에서는 위아래가 거꾸로 된 상태이다. 오른쪽이 뒤쪽용 공기스프링으로, 이것도 위아래가 거꾸로이다. 기본구조는 신형에서도 마찬가지다. 시스템 전체가 세미 액티브(semi-active)화 되어 있고, 각 부에 배치된 센서에 의하여 급가속, 급제동 등 하중변동이 커지는 상태가 검출되면, 공기스프링의 상수와 댐퍼의 감쇠력이 자동적으로 최적화되면서 조종성 및 안정성을 확보한다. 신형에서는 전후뿐만 아니라 각 차륜을 독립적으로 제어하는 점도 특징이다.

센터 터널 전방에 배치된 스위치. 세미 액티브 댐퍼의 감쇠특성은, 오른쪽 위의 스위치로 컴포트 모드, 스포츠 모드로 전환할 수 있다. 오른쪽 아래의 스위치는 차고 조정용으로, 최대 차량의 높이를 25mm까지 높일 수 있다.

DIRECT STEERING

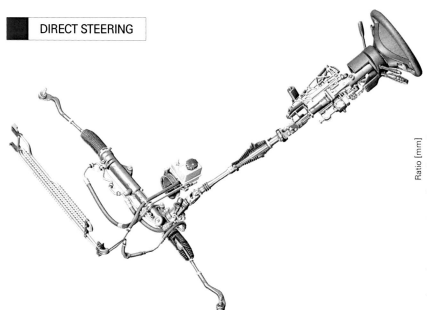

신형 E CLASS에서는, 차속 감응식 파워 스티어링을 진화시킨 '다이렉트 스티어링'이 사용되었다. 우선 오른쪽 끝에서 왼쪽 끝까지의 핸들 회전수를 약 7% 줄여 시내 주행 시나 주차 시의 조향량을 줄이고 있다. 더욱이 조향각에 따라서 스티어링 기어비를 변화시키는 기구를 사용하여 스티어링 위치가 센터 부근일 때에는 반응을 완만하게 하고 조향각이 6도를 넘어서면 스티어링 기어비가 보다 빠르게 변화한다. 조작계의 게인(Gain) 자체를 변화시키는 기구에 대해서는 찬반양론이 있으며, 필자 개인으로서는 부정적인 견해를 가지고 있으나, 직접 시승을 해보면 특별한 위화감을 느낄 수는 없다는 점을 말해둔다.

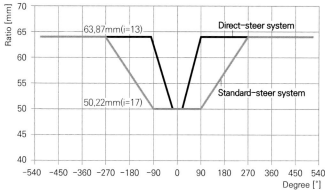

해 바닥에 부딪치는 것을 피할 수 있다는 것이, 압축공기식 현가장치를 사용하는 목적 중의 하나이다. 또한 이것이 고급차량이나 버스, 트럭 등에 사용되는 이유 중의 하나이기도 하다. 공기스프링은, 스프링 상수가 가변인 점도 특징이다. 상수는 내부에 저장하는 공기의 양에 따라 변화시킬 수가 있다. 기본적으로는 용적이 클수록 상수가 낮아지기(스프링으로서 부드럽기) 때문에, 조정 폭을 확보하기 위하여, 통상적으로는 벨로우즈에 리저버 탱크(Reservoir Tank)를 조합하여 구성한다. 그리고 공진특성이 금속과 다른 점을 이용하고, 금속 스프링에서는 완전히 감쇠할 수 없는 주파수 진동에 대응하는 것도 가능하다. 또 하나의 목적은 차량의 높이 조정이다. 압축공기식 현가장치를 사용하는 자동차는 벨로즈에 공기를 공급하기 위한 공기 압축기를 구비하고 있다. 벨로즈에 공급하는 공기의 양을 늘리면 그만큼 벨로즈가 수직방향으로

늘어나 차고가 높아진다. 물론 반대로 차고를 낮출수도 있다. 이런 점을 이용하여, 비포장 도로 등에서는 차고를 높여서 최저지상고(Minimum Ground Clearance)를 확보하고, 고속 주행 시에는 차고를 낮춰서 안정성을 높인다. 이번에 시승한 신형 E CLASS는 이와 같은 압축공기식 현가장치의 장점을 승차감 향상을 위하여 최대한 이용한 셋업이라는 인상이 강했다. 기복이 크고 피치가 미세한 노면을 달리더라도 차체 측에 분주한 움직임은 거의 없다고 해도 과언이 아니다. 그러면서 확실히 '팽팽한 느낌'도 확보된다. 압축공기식 현가장치라고 하면 '푹신푹신한 승차감'을 연상하는 사람도 많다. 앞서 설명한 대로, 평상시의 스프링 상수를 낮게 설정할 수 있기 때문에 어느 의미에서는 당연하지만, 댐퍼로서 그 움직임을 어떻게 억제할 것 인가하는 것이 중요한 명제다. 어느 정도까지는 '압축공기식 현가장치'에 기대되는 유연성을

알기 쉽게 확보하고, 흐트러질 움직임을 잡기 위해서는 댐퍼의 셋업(Setup)이 중요하다. 신형 E CLASS에서는 세미 액티브 댐퍼(Semi-Active Damper)를 사용하면서 더욱더 감쇠력 크기의 전환을 가능하게 하고 있다. 모드는 'Comfort'와 'Sports' 2종류이지만, 전자(前者)에서도, 차체 측의 움직임은 확고히 억제되고 있다. 넉넉한 스프링 행정 감각을 확보하면서, 그 움직임이 항상 억제되고 있다는 것이 전해져 오며 '팽팽함'을 동반한 쾌적한 승차감이 실현되고 있는 것이다. 특히 뒷좌석에 앉아 있어도 바닥에서 치받치는 느낌은 전혀 없다고 해도 좋을 정도로 승차감이 좋다. 압축공기식 현가장치의 사용 방향에 관해서 하나의 본보기라고 할 만한 셋업이라고 평가할 수 있다.

앞서 풀 모델 체인지(Full Model Change)를 한 C Class와 마찬가지로, 아래쪽의 링크를 전/후로 분할한 구성이다. 경량화를 도모하면서 큰 힘을 받는 부분은 높은 강도와 강성을 확보하려고 한 것이 목적인 구성이다. 일례로, 트레일링 링크의 정교한 형상에서는, 스프링으로서의 역할도 담당하게 하려고 한 의도가 엿보인다. 너클 측 마운트 위치와 스트럿(Strut)을 거의 동일한 선 위에 배치하고 있는 것은, 입력 효율을 높이기 위한 목적이다. 그러나 조인트 종류의 튜닝에서는 한 차원 더 높은 숙성(熟成)을 기대해 보고 싶다. 가령 어떠한 특정 조건하에서는 핸들이 고분고분하게 중앙으로까지 되돌아오지 않는 경우도 있었다.

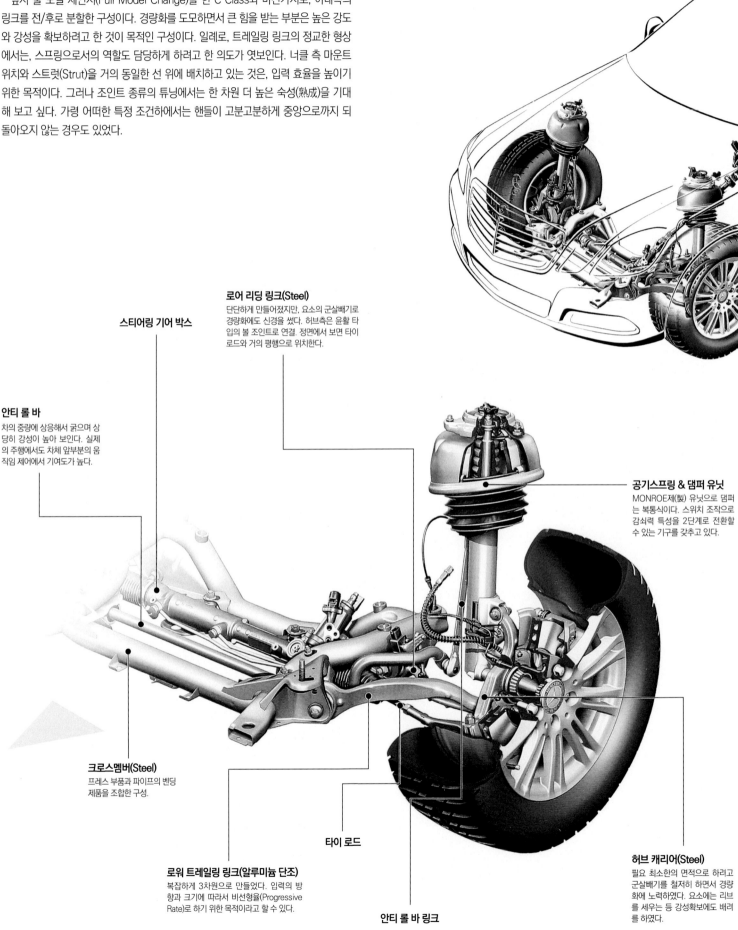

로어 리딩 링크(Steel)
단단하게 만들어졌지만, 요소의 군살빼기로 경량화에도 신경을 썼다. 허브측은 윤활 타입의 볼 조인트로 연결. 정면에서 보면 타이로드와 거의 평행으로 위치한다.

스티어링 기어 박스

안티 롤 바
차의 중량에 상응해서 굵으며 상당히 강성이 높아 보인다. 실제의 주행에서도 차체 앞부분의 움직임 제어에서 기여도가 높다.

공기스프링 & 댐퍼 유닛
MONROE제(製) 유닛으로 댐퍼는 복통식이다. 스위치 조작으로 감쇠력 특성을 2단계로 전환할 수 있는 기구를 갖추고 있다.

크로스멤버(Steel)
프레스 부품과 파이프의 벤딩 제품을 조합한 구성.

로워 트레일링 링크(알루미늄 단조)
복잡하게 3차원으로 만들었다. 입력의 방향과 크기에 따라서 비선형율(Progressive Rate)로 하기 위한 목적이라고 할 수 있다.

타이 로드

안티 롤 바 링크

허브 캐리어(Steel)
필요 최소한의 면적으로 하려고 군살빼기를 철저히 하면서 경량화에 노력하였다. 요소에는 리브를 세우는 등 강성확보에도 배려를 하였다.

차체 측과 허브의 연결기구로 암(Arm)을 사용하지 않고, 모두 링크(Link)로 연결하였다. 복잡한 구조처럼 보이지만, 각각의 역할은 명쾌하다. 캠버방향은 2개의 어퍼 링크(Upper Link)와 로어 래터럴 링크, 회전방향은 어퍼와 로워의 트레일링 링크, 토는 로워 트레일링과 토 컨트롤 링크로 힘을 받아내고 있다. 힘을 받아내는 방법을 가급적 단순화해서, 한 방향 하나의 입력으로 확실하게 움직이게 함으로써, 입력의 간섭에 의한 저항 또는 마찰 등을 배제하려고 하는 목적이 엿보이는 구성이다. 조향중심에 대해서는 타이어의 접지면 중앙부와 거의 동일하게 위치하는, 이른바 앞바퀴 근처의 조향축을 만드는 방법이라고 말할 수 있다.

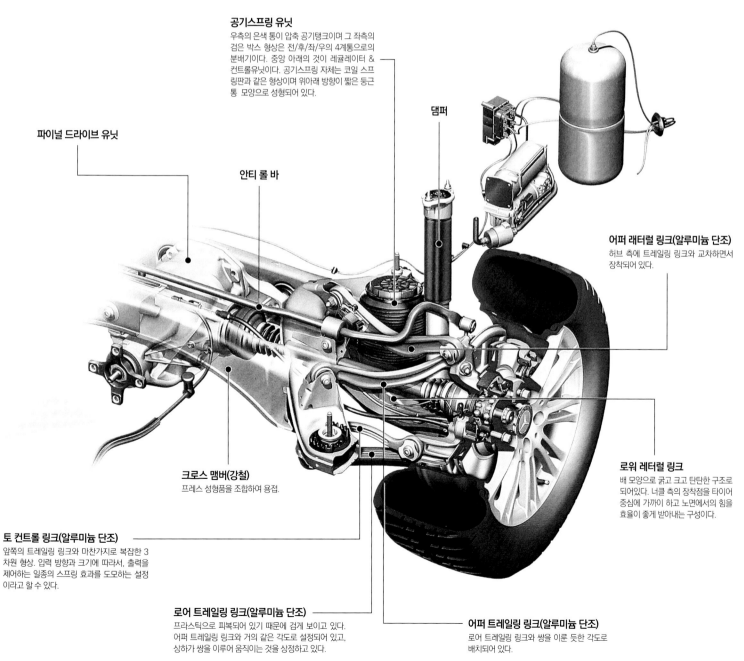

공기스프링 유닛
우측의 은색 통이 압축 공기탱크이며 그 좌측의 검은 박스 형상은 전/후/좌/우의 4계통으로의 분배기이다. 중앙 아래의 것이 레귤레이터 & 컨트롤유닛이다. 공기스프링 자체는 코일 스프링판과 같은 형상이며 위아래 방향이 짧은 둥근 통 모양으로 성형되어 있다.

파이널 드라이브 유닛

댐퍼

안티 롤 바

어퍼 래터럴 링크(알루미늄 단조)
허브 측에 트레일링 링크와 교차하면서 장착되어 있다.

크로스 맴버(강철)
프레스 성형품을 조합하여 용접.

로워 래터럴 링크
배 모양으로 굵고 크고 탄탄한 구조로 되어있다. 너클 측의 장착점을 타이어 중심에 가까이 하고 노면에서의 힘을 효율이 좋게 받아내는 구성이다.

토 컨트롤 링크(알루미늄 단조)
앞쪽의 트레일링 링크와 마찬가지로 복잡한 3차원 형상. 입력 방향과 크기에 따라서, 출력을 제어하는 일종의 스프링 효과를 도모하는 설정이라고 할 수 있다.

로어 트레일링 링크(알루미늄 단조)
프라스틱으로 피복되어 있기 때문에 검게 보이고 있다. 어퍼 트레일링 링크와 거의 같은 각도로 설정되어 있고, 상하가 쌍을 이루어 움직이는 것을 상정하고 있다.

어퍼 트레일링 링크(알루미늄 단조)
로어 트레일링 링크와 쌍을 이룬 듯한 각도로 배치되어 있다.

➤ PORSCHE911 (997)

정체성(Identity) 유지를 위한 '숙명' 과의 한판 승부

삽화 : Porsche

Porsche 911 CARERRA S(997)
길이× 너비 × 높이(mm) : 4435 × 1810 × 1300
축간거리(mm) : 2350
트레드(mm) : F1485, R1535
차량중량(kg) : 1500(7단 PDK)
엔진탑재위치 : 뒤 세로배치
구동륜 : 뒷바퀴
타이어 사이즈 : F235 / 35R19, R295 / 30R19

나는 포르쉐 911은 위험한 자동차라고 생각하고 있다. 이유는 단순 명쾌하다. 뒤 엔진차량이라는 숙명으로부터 어떠한 방법을 사용하더라도 벗어날 수 없기 때문이다. 근래의 911은 정적(靜的)인 중량 배분은 앞 40 : 뒤 60의 설정을 실현하고 있다. 그러나 주행 중에는 관성의 영향을 받는다. 즉, 속도가 상승함에 따라 뒤가 무거워 지는 경향이 심해지고, 조종성 안정성에 커다란 악영향을 끼치는 점은 부정할 수가 없는 사실이다. 미드쉽(Midship) ('배의 중앙부'를 뜻하는 말로, 엔진이 앞뒤 차축의 중간에 있고 뒷바퀴를 구동하는 형식을 말하며, 레이싱 카와 스포츠카에 많고, 차의 중심(重心)이 중심(中心)부와 가까워지고 앞뒤의 무게 배분이 좋아지기 때문에 운동 성능의 향상을 기대할 수 있으나, 그 대신 실내 공간이 좁아져서 패밀리카로서는 적합하지 않다)에서도 마찬가지이지만 자동차가 작고, 가볍고, 타

이어의 능력도 낮았던 시대는 구동륜에 안정된 정지마찰력(Traction)을 발휘시키기 쉽고, 제동 효율도 높이기 쉬운 RR방식에서는 '일리'가 있었다. 초창기의 VW Beetle은 중량 720kg, 엔진출력은 불과 27ps/6.8kgf.m, 타이어 사이즈는 5.00-16(타이어 폭 165mm)이었다. 1세대 포르쉐 911은 중량 1080kg, 엔진출력 130ps/17.8kgf.m, 타이어 사이즈는 165HR15이다. 이 정도의 중량과 출력이라면, 빈약한 타이어의 성능을 더욱 더 발휘시킬 수 있는 이점을 중요시한다는 것은 하나의 개념으로서 충분히 이해할 수 있다. 원래 당시의 한계 영역은 상당히 낮은 수준이었고, 거기에 이르는 과정도 완만하고 사전에 '경고'로서의 각종 현상도 발생하고 있었기 때문에 대응하는 것은, 그렇게 어렵지는 않았을 것이라고 여겨진다. 그렇기 때문에, 어느 시기까지 포르쉐 이외에도 RR에 우위성을 둔 차종이 존재하고 있

으나, 타이어 성능도 향상됨에 따라, RR 방식의 약점은 더 이상 무시할 수 없게 되었다. 포르쉐 회사 자체도, 이러한 사실을 잘 알고 있었기 때문에 1970년대 중반에는 앞 엔진 & 뒤 트랜스 액슬로 하여, 동적(動的) 중량배분의 이상(理想)을 추구한 924, 928로 방향 전환을 도모했다. 더 나아가서는 지금까지 FR차의 핸들링의 규범 중의 하나인 944로까지 발전하지만, 시장은 '포르쉐'에게 그런 것을 요구하지 않았다는 것을 여러분도 잘 알고 있을 것이다.

전자제어장치(電子制御裝置)의 진화가 RR의 모순을 크게 경감시켰다.

911이 스포츠카로서는 운동성능, 조향성 및 안정성을 고차원적으로 양립시키는 것이 곤란한 RR 레이아웃

댐퍼에 전자제어식 바이패스 밸브 컨트롤 시스템을 사용했다. 전용 ECU를 탑재하고 횡가속도나 조향각, 브레이크 액압, 엔진 토크 등의 정보를 실시간으로 해석하여 선택된 작동 모드에 따라 4개의 댐퍼 감쇠력을 개별적으로 제어한다. 이번에 시승한 911 카레라 S 스포츠 크로노 패키지(CARERRA S Sports–Chrono-Package)의 경우, 선택할 수 있는 작동 모드는 'Normal' 과 'Sport'다. 사진은 왼쪽 열이 노멀 모드로 상단은 댐퍼가 신장된 상태, 하단이 수축된 상태를 나타내는데 모든 바이패스 밸브가 열려있다. 오른쪽 열은 스포츠 모드로, 상단 댐퍼가 신장된 상태이고 하단은 수축된 상태로 모두 바이패스 밸브가 닫혀 있는 것을 알 수 있다. 노멀 모드는 성능과 쾌적성의 균형을 중시하며, 스포츠 모드는 자동차 경주(Circuit · Car racing) 등의 빠른 주행에 적합한 설정이다. 모드 전환에 의한 감쇠력 변화는 용이하게 이해할 수 있는 수준이다. 일상적인 주행에서는 기본적으로 노멀 모드로 충분하지만, 어떤 상황에서는 신장 쪽 및 수축 쪽이 모두 약간이지만 감쇠력이 부족한 듯했고, 차체의 움직임 수렴이 엉성해지는 경향도 있었다. 특히 피칭(Pitching)의 안정성 측면에서는 스포츠 모드에서는 이점이 있지만, 승차감 면에서는 일상적으로 사용하기에는 힘들다고 말할 수 있다. 그만큼 명확한 사양 분리가 되어 있다고 말할 수 있지만, 시스템 자체의 완성의 여지는 조금 더 남아있다.

PCCB 디스크는 진공상태로 1700°C의 고온 하에서 카본 파이버에 실리카를 혼합하는 특수 제조법으로 제조하여, 강도(强度 · Strength) 및 내열성(耐熱性 · Heat Resistance) 모두 강철을 넘어서고 고온 하에서의 형상 안정성을 유지하면서, 같은 크기의 강철제(製) 디스크와 비교해 약 50%의 경량화를 실현하였다. 스프링 아래 질량과 회전 관성 질량을 경감하고 있다. 그 디스크에 앞 6, 뒤 4의 퍼텐셜을 가진 대향 피스톤 식 알루미늄제 모노 블록 캘리퍼(Caliper)를, 레이디얼로 장착하여 현재까지 생각할 수 있는 최강의 브레이크 시스템을 구축하고 있다.

엔진 계(系)와 댐퍼의 제어를 동시에 변경하는 기능이다. 다시 패널(Dash Panel) 중앙부에 사진의 스톱워치가 장착된 것이 명칭의 유래이다. 스포츠 모드에서는 ECU와 스로틀 제어 맵이 교체되고 동시에 PASM도 스포츠 모드로 설정되면서 70km/h 이하에서는 PSM의 개입을 최소한으로 하지만, 앞쪽 2개의 차륜에 ABS가 작동하는 등 위험한 상황이라고 판단하면 PSM을 표준 모드로 복귀시킨다. PDK(포르쉐에서는 팁 트로닉을 대체할 변속기로 만든 듀얼 클러치 시스템을 이용한 변속기) 탑재 차량은 변속 타이밍과 빠르기까지 포함된 제어, 그리고 론치 컨트롤(Launch Control)을 행하는 스포츠 +(플러스)모드도 구비되어 있다.

이라는 점은 커다란 단점에 불과하다. 그러나 RR로 하지 않으면 기업의 존망과 관련되어있다. 이 커다란 모순을 접한 포르쉐 개발진의 고투는 이루 말할 수 없지만, 지면의 형편상 여기에서는 상세한 것은 생략한다. 개인적인 견해로서도, 3세대가 되는 개발 코드 964계 이후의 911부터는 좋은 의미에의 필사적이라는 느낌이 전해져오는 일이 많았다. 차체 구조를 새롭게 하고, 현가장치도 일반적인 코일 스프링을 사용하는 등 효율을 높이고, 각부에 과도하다고 생각할 정도의 강도·강성을 확보, 결국에는 4WD 화까지 단행하였다. 일련의 개발을 통해서 얻은 기술적 축적은 헤아릴 수 없을 정도로 많을 것이다. 실제로 공랭엔진의 최종형(最終形)이 된 993계의 무과급엔진 등, 상당히 양호한 수준까지 도달한 예도 적지 않다. 그러나 앞 세대의 996계부터 911의 개발은 거듭 괴롭고 힘든 상황에 직면하게 된다. 새롭게 등장한 986계 BOXSTER와의 공생 및 각종 규제에 대한 대응

차원에서 사이즈 업을 단행하지만, 그런데도 GT(Grand Touring 고속 주행성능을 갖춘 장거리용)으로의 전향은 허용되지 않았다. GT3이나 GT2의 투입으로 브랜드 이미지는 굳건히 지켜나갔으나, 일반용의 완성도는 아무래도 불완전한 인상을 주고 있었다. 그러면, 최신의 997계는 어떨까. 우선 배경으로서 고려해두어야 할 것은, 987계 BOXSTER와 CAYMAN과의 부품 공용률을 높이면서 거의 같은 타이밍에 모델체인지를 실시했다는 것이다. 병행하는 개발공정에서, 양쪽의 입장이 꼼꼼하게 재검토되었다는 것은 상상하기 어렵지 않다. 그 결과 987계는 스포츠 지향을 강화하고 반대로 997계는 경쾌성(輕快性)을 회복하는 방향으로 나아갔다고 것을 알 수 있다. 그것을 실현하기 위한 열쇠가 ESC(포르쉐의 명칭으로는 PSM(Porsche Stability Management))이다. 996에서는 1999년에 추가된 CARERRA 4와 터보로부터, 986에서는 2001년 모델로부터 투입하여 987, 997

에서는 모두 표준화되었다. 미드쉽도 RR도, ESC의 혜택은 절대적이다. 개입의 타이밍까지도 적절하다면 결정적인 파탄을 회피하면서, 그 직전까지는 특유의 '맛'을 남겨두는 것이 가능해지기 때문이다. 그 조절은 정말로 어려운 것이지만, 2009년 모델부터는 GT3에도 ESC를 탑재했던 것을 생각해보면, 포로쉐는 그 결과를 끝까지 지켜보고, 시스템의 단련도가 완성의 영역에 도달했다고 판단했던 것 같다. 거기에서 생겨난 '여력'은, 일상 영역의 맛을 부여하는데 활용한다. 시승했던 연료 직접분사(燃料直接噴射) + PDK의 최신 사양도, 초기 모델에서 볼 수 있던 헤드 아웃 경향이 깨끗하게 해소되었다. 주의해서 보면, 혼신의 힘을 다해 전자제어화한 911이지만, RR이라는 특수성을 유지하면서 살아남기 위해서는 현실적으로 이 이외의 길은 없었다고 하는 것이 결론이다. 여하튼 그 시시비비에 대해서는 판단하기 어렵다.

맥퍼슨 스트럿 (MacPherson Strut)

987계 BOXSTER, CAYMAN과 997계는 부품 공용률이 50%를 초과한다고 한다. 공용률이 현저히 높은 부분이 앞차축 부분이다. 직접 비교할 수는 없었지만, A자형 암을 전후로 분할한 것 같은 아래쪽의 구성 등은 매우 흡사하다. 그렇다고는 해도 996부터의 기본 구성은 변함이 없이 빅 마이너 체인지(Big Minor Change)라고

생각해도 좋다. 997에서 스티어링 기어는 래크의 기어이를 가변 피치로 한 가변 조향기어비를 사용하고 있다. 뒤차축도 포함해서 사진은 911 카레라(Carerra)이며, 댐퍼도 종래의 사양 상태 그대로이다. 다른 등급에서는 브레이크 등 세부 사양이 다르다.

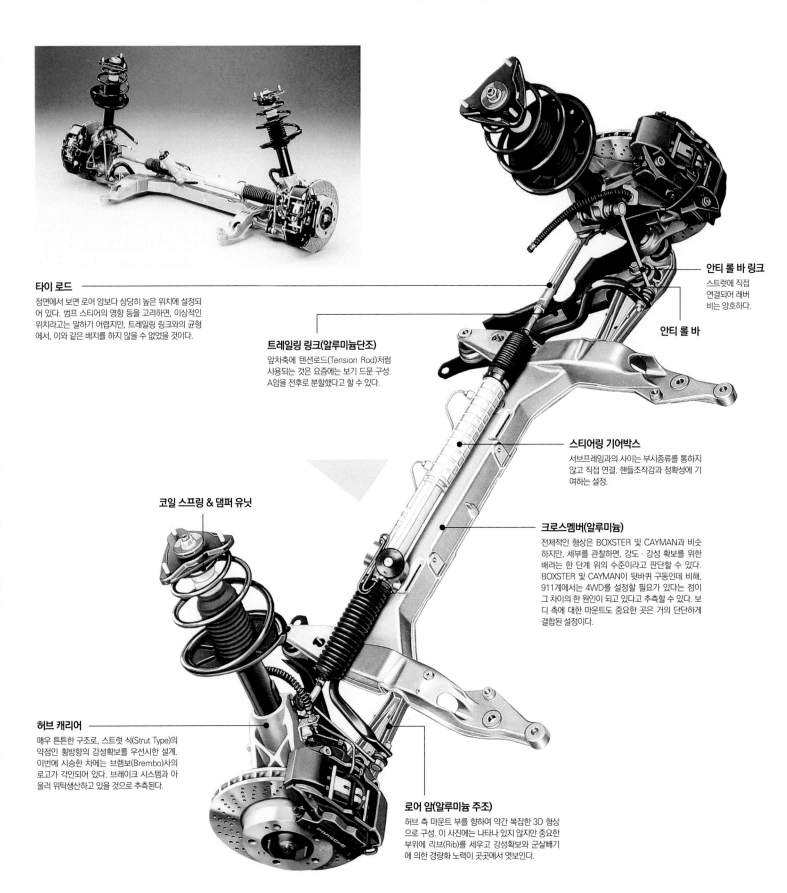

타이 로드
정면에서 보면 로어 암보다 상당히 높은 위치에 설정되어 있다. 범프 스티어의 영향 등을 고려하면, 이상적인 위치라고는 말하기 어렵지만, 트레일링 링크와의 균형에서, 이와 같은 배치를 하지 않을 수 없었을 것이다.

트레일링 링크(알루미늄단조)
앞차축에 텐션로드(Tension Rod)처럼 사용되는 것은 요즘에는 보기 드문 구성. A암을 전후로 분할했다고 할 수 있다.

안티 롤 바 링크
스트럿에 직접 연결되어 레버비는 양호하다.

안티 롤 바

코일 스프링 & 댐퍼 유닛

스티어링 기어박스
서브프레임과의 사이는 부시종류를 통하지 않고 직접 연결. 핸들조작감과 정확성에 기여하는 설정.

크로스멤버(알루미늄)
전체적인 형상은 BOXSTER 및 CAYMAN과 비슷하지만, 세부를 관찰하면, 강도·강성 확보를 위한 배려는 한 단계 위의 수준이라고 판단할 수 있다. BOXSTER 및 CAYMAN이 뒷바퀴 구동인데 비해, 911계에서는 4WD를 설정할 필요가 있다는 점이 그 차이의 한 원인이 되고 있다고 추측할 수 있다. 보디 측에 대한 마운트도 중요한 곳은 거의 단단하게 결합된 설정이다.

허브 캐리어
매우 튼튼한 구조로, 스트럿 식(Strut Type)의 약점인 횡방향의 강성확보를 우선시한 설계. 이번에 시승한 차에는 브렘보(Brembo)사의 로고가 각인되어 있다. 브레이크 시스템과 아울러 위탁생산하고 있을 것으로 추측된다.

로어 암(알루미늄 주조)
허브 측 마운트 부를 향하여 약간 복잡한 3D 형상으로 구성. 이 사진에는 나타나 있지 않지만 중요한 부위에 리브(Rib)를 세우고 강성확보와 군살빼기에 의한 경량화 노력이 곳곳에서 엿보인다.

위쪽은 사다리꼴 배치 · 전/후 분할인 더블 링크, 아래쪽은 긴 트레일링 링크와 메인 링크를 교차시킨 배치로, 후방에 토 컨트롤 링크를 배치하는 5링크 구성이다. 포르쉐는 LSA(Light Weight, Stable, Agile : 경량, 안정, 민첩함) 멀티링크식이라는 이름을 내걸고 있다. 기본적인 구성은 993계부터 변하지 않았지만, 996 이후에서는 각부의 부품을 BOXSTER와 공용하는 형편 상, 트레일링 링크의 피벗 배치 등, 하이 파워 RR 차의 뒤 현가장치로서는 논리적으로 퇴행하고 있다고 판단되는 부분이 여기저기에서 보인다. 이미 ESC가 존재하는 설계라고 단정 짓고 있는 것인가 ?

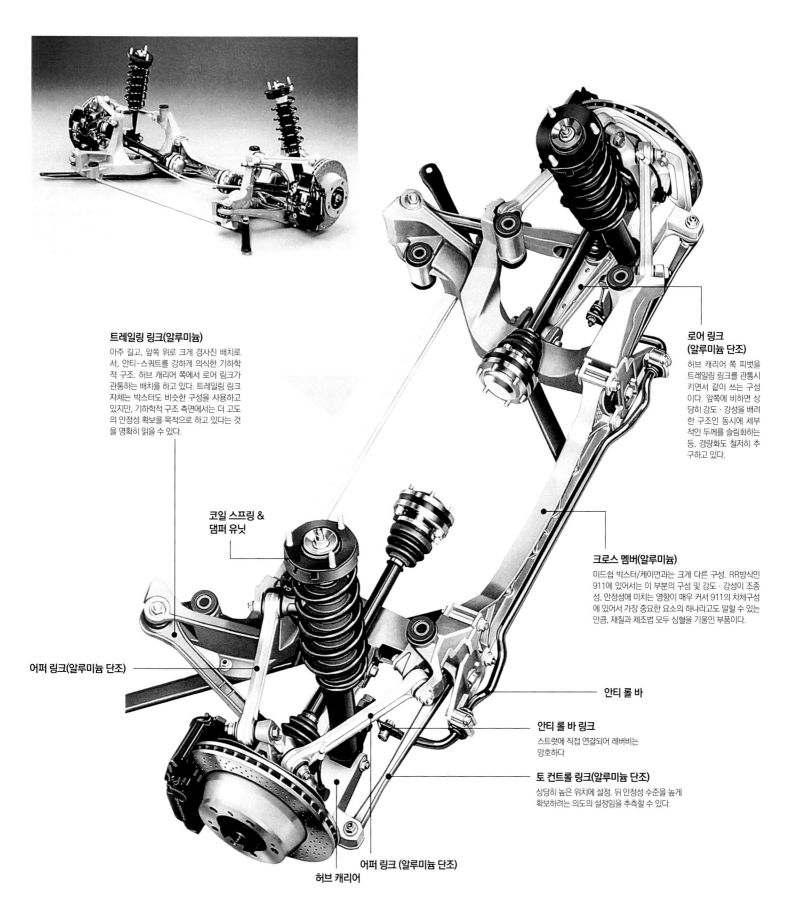

트레일링 링크(알루미늄)
아주 길고, 앞쪽 위로 크게 경사진 배치로서, 안티-스쿼트를 강하게 의식한 기하학적 구조. 허브 캐리어 쪽에서 로어 링크가 관통하는 배치를 하고 있다. 트레일링 링크 자체는 박스터도 비슷한 구성을 사용하고 있지만, 기하학적 구조 측면에서는 더 고도의 안정성 확보를 목적으로 하고 있다는 것을 명확히 읽을 수 있다.

로어 링크 (알루미늄 단조)
허브 캐리어 쪽 피벗을 트레일링 링크를 관통시키면서 같이 쓰는 구성이다. 앞쪽에 비하면 상당히 강도 · 강성을 배려한 구조인 동시에 세부적인 두께를 슬림화하는 등, 경량화도 철저히 추구하고 있다.

코일 스프링 & 댐퍼 유닛

크로스 멤버(알루미늄)
미드쉽 박스터/케이먼과는 크게 다른 구성. RR방식인 911에 있어서는 이 부분의 구성 및 강도 · 강성이 조종성, 안정성에 미치는 영향이 매우 커서 911의 차체구성에 있어서 가장 중요한 요소의 하나라고도 말할 수 있는 만큼, 재질과 제조법 모두 심혈을 기울인 부품이다.

어퍼 링크(알루미늄 단조)

안티 롤 바

안티 롤 바 링크
스트럿에 직접 연결되어 레버비는 양호하다

토 컨트롤 링크(알루미늄 단조)
상당히 높은 위치에 설정. 뒤 안정성 수준을 높게 확보하려는 의도의 설정임을 추측할 수 있다.

어퍼 링크 (알루미늄 단조)

허브 캐리어

⏵ PORSCHE BOXSTER / CAYMAN

「간소한 댐퍼 스트럿」과 전자제어장치로 조립된 미드쉽 포르쉐의 질주

삽화 : PORSCHE

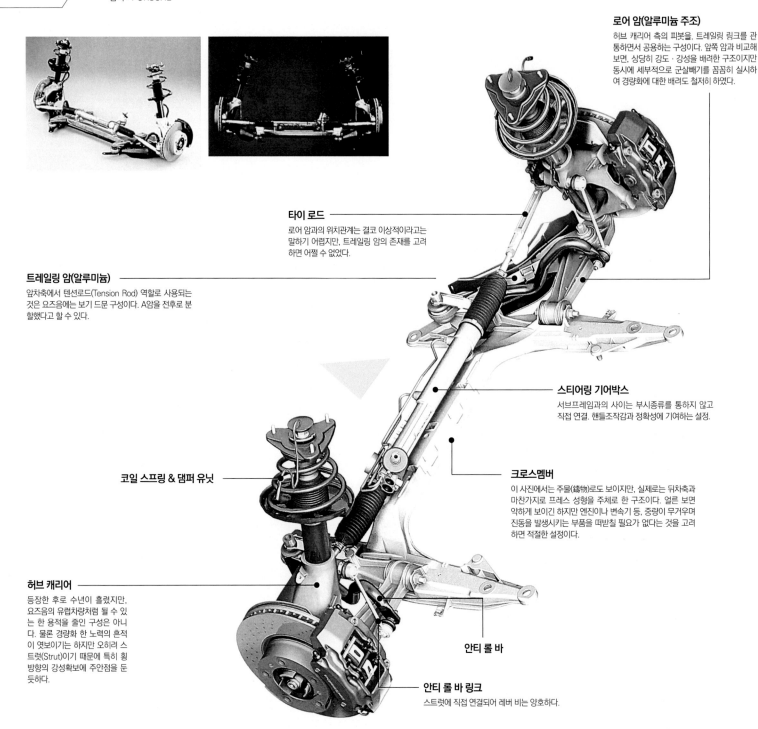

로어 암(알루미늄 주조)
허브 캐리어 측의 피봇을, 트레일링 링크를 관통하면서 공용하는 구성이다. 앞쪽 암과 비교해 보면, 상당히 강도·강성을 배려한 구조이지만 동시에 세부적으로 군살빼기를 꼼꼼히 실시하여 경량화에 대한 배려도 철저히 하였다.

타이 로드
로어 암과의 위치관계는 결코 이상적이라고는 말하기 어렵지만, 트레일링 암의 존재를 고려하면 어쩔 수 없었다.

트레일링 암(알루미늄)
앞차축에서 텐션로드(Tension Rod) 역할로 사용되는 것은 요즘에는 보기 드문 구성이다. A암을 전후로 분할했다고 할 수 있다.

스티어링 기어박스
서브프레임과의 사이는 부시종류를 통하지 않고 직접 연결. 핸들조작감과 정확성에 기여하는 설정.

코일 스프링 & 댐퍼 유닛

크로스멤버
이 사진에서는 주물(鑄物)로도 보이지만, 실제로는 뒤차축과 마찬가지로 프레스 성형을 주체로 한 구조이다. 얼른 보면 약하게 보이긴 하지만 엔진이나 변속기 등, 중량이 무거우며 진동을 발생시키는 부품을 떠받칠 필요가 없다는 것을 고려하면 적절한 설정이다.

허브 캐리어
등장한 후로 수년이 흘렀지만, 요즘의 유럽차량처럼 될 수 있는 한 용적을 줄인 구성은 아니다. 물론 경량화 한 노력의 흔적이 엿보이기는 하지만 오히려 스트럿(Strut)이기 때문에 특히 횡방향의 강성확보에 주안점을 둔 듯하다.

안티 롤 바

안티 롤 바 링크
스트럿에 직접 연결되어 레버 비는 양호하다.

FRONT | **맥퍼슨 스트럿 (MacPherson Strut)**

앞 현가장치 전체의 구성을 관찰해보면, 킹핀 경사각을 크게 설정한 영향으로, 미세한 조향각에서도 차량 높이가 변하기 쉬운 경향을 느낄 수 있다. 특히 빠르게 방향을 바꾸면, 롤링 방향의 초기 움직임의 시작이 약간 황당한 느낌을 주기 때문에 그러한 영역에서는 조금 신중하게 핸들을 조작할 필요가 있다. 구조면에서는, 로어 암이 짧은 것도 신경이 조금 쓰이는 점이다. 이 구성에서는 최대한 움직이지 않게 하는(댐퍼 행정을 동적으로 줄이는) 방향으로 셋업(Setup) 시키지 않을 수 없지만, 실제로 멋을 들인 것과 최종적인 밸런스의 마무리 방법은 '역시 포르쉐'다운 수준에 도달하고 있다.

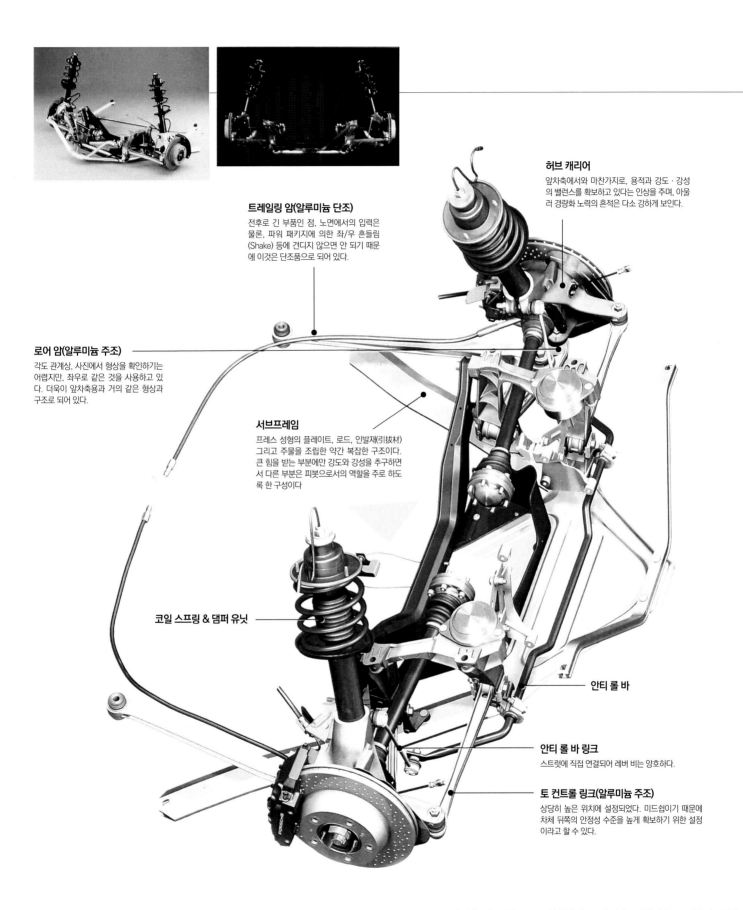

허브 캐리어
앞차축에서와 마찬가지로, 용적과 강도 · 강성의 밸런스를 확보하고 있다는 인상을 주며, 아울러 경량화 노력의 흔적은 다소 강하게 보인다.

트레일링 암(알루미늄 단조)
전후로 긴 부품인 점, 노면에서의 입력은 물론, 파워 패키지에 의한 좌/우 흔들림 (Shake) 등에 견디지 않으면 안 되기 때문에 이것은 단조품으로 되어 있다.

로어 암(알루미늄 주조)
각도 관계상, 사진에서 형상을 확인하기는 어렵지만, 좌우로 같은 것을 사용하고 있다. 더욱이 앞차축용과 거의 같은 형상과 구조로 되어 있다.

서브프레임
프레스 성형의 플레이트, 로드, 인발재(引拔材) 그리고 주물을 조립한 약간 복잡한 구조이다. 큰 힘을 받는 부분에만 강도와 강성을 추구하면서 다른 부분은 피봇으로서의 역할을 주로 하도록 한 구성이다

코일 스프링 & 댐퍼 유닛

안티 롤 바

안티 롤 바 링크
스트럿에 직접 연결되어 레버 비는 양호하다.

토 컨트롤 링크(알루미늄 주조)
상당히 높은 위치에 설정되었다. 미드쉽이기 때문에 차체 뒤쪽의 안정성 수준을 높게 확보하기 위한 설정 이라고 할 수 있다.

REAR **맥퍼슨 스트럿 (MacPherson Strut)**

사진에서는 전체적으로 그 나름의 질감을 갖고,있는 것처럼 보이지만, 실물을 보면, '과연 이대로 괜찮을까?' 라는 생각이 들게 하는 구조이다. 특히 요즈음의 유럽 차량에서 증가하고 있는 주물을 많이 이용한 정말로 옹골찬 서브프레임이나 피봇 종류 등이 눈에 익숙해지면, 프레스로 만든 것과 판재(板材)에 의한 구성은 다소 불안하게 느껴진다. 역설적으로 말하면, 이와 같은 구조야 말로 박스터(Boxster)라는 자동차 본래의 모습을 나타내고 있는 지도 모르겠다. 쓸데없는 부분을 철저하게 깎아 없애고, 최소한으로 필요한 부재(部材)와 작업으로써 효율을 추구하겠다는 '절제된 미학'이라고도 할 수 있는 자세다.

➤ NISSAN SKYLINE (V36)

경량화, 고(高) 강성화를 철저히 하며 적재적소에 강성배분도 배려, '원점'으로 돌아간 설계 테마.

사진 및 삽화 : NISSAN

NISSAN SKYLINE COUPE(CKV36)
길이 × 너비 × 높이(mm) : 4655× 1820 × 1390
축간거리(mm) : 2850
트레드(mm) : F 1545, R 1560
엔진탑재위치 : 앞 세로배치
구동륜 : 뒷바퀴
타이어 사이즈 : F225 / 50R18, R245 / 45R18

신경이 쓰였던 점이 있었다. 현행 V36형 스카이라인이, 지금까지 'FM 패키지(혹은 FRL 플랫폼)' 차종에서 사용하고 있던 앞 현가장치의 구성을 변경했다는 점이다. FM 패키지의 제1호 자동차인 V35형 스카이라인은 더블 위시본의 아래쪽을 2개의 링크로 구성하는 더블 조인트 식을 사용했다. Z33형 FAIRLADY Z에서도 답습되었지만 V36 스카이라인에서는 A자형 암 형상으로 변경하였다. 다시 조사해보니, 이 앞 현가장치 구성은 사실은 2004년 10월에 등장한 FUGA(Y50형)때부터 사용되고 있었다. 더욱이 같은 시기에 서브프레임을 I 자형에서 우물 정(井)자형으로 변경, 듀얼 플로 패스 쇼크 업소버를 사용함으로써 상당한 작업이 이루어졌다. 왜 일부러 암 형상을 '회귀'했던 것일까? 이런 경우는, 만든 사람에게 이야기를 듣는 것이 제일이다. 그래서 V36 스카이라인의 현가장치 개발 스텝과의 취재 기회를 마련하였

다. 개발상의 열쇠가 되는 말은, 「생각하는 대로 자동차가 움직인다 ─ 경량 및 고강성의 추구」,「상쾌한 승차감 및 불쾌한 진동이 느껴지지 않는 ─ 저진동, 고 댐핑의 추구」였다고 한다. 모두가 현가장치 설계에 있어서 '원점'이라고도 말할 수 있는 사항이지만, 굳이 그것에 맞춘 점이 더욱 흥미로웠다. 목표 달성을 위해, 평가해석의 방법도 재고하였다. 가령 구성요소 중, 어느 부분이 어느 정도의 힘을 받고 있는 지를 실제로 측정. 그 결과 특히 허브 베어링은 전후 모두 예상외로 큰 입력 때문에, 그 역할의 크기를 다시 확인할 수 있었으므로, 신경을 써서 강화하였다. 조종성, 안정성 및 승차감의 향상을 위하여, 진동을 주파수별로 분류하여 원인을 밝혀냈다. 예를 들어 피칭 특성이 생기는 것에 대해서는, 과속방지턱을 넘어설 때의 '시선 이동량' 변이 측정 등의 방식으로 꾸준히 작업을 거듭했다고 한다. 경량화, 강도 및 강성의

균형에 대해서도 한 단계 높은 수준을 목표로 하여 새로운 제조법을 적극적으로 검토하였다. 서브프레임이나 암(Arm) 종류의 조형(造形)에는 감탄하게 된다. 겉보기에 '깨끗한' 현가장치는 흔히 힘을 받는 방법이나 움직임에도 무리가 없는 것이다.

「어느 것이 좋을까?」가 아니고 「무엇을 중요시 할까?」라는 선택

그런데, 문제의 아래쪽 조인트 형상의 변경에 대해서 들어보면, 주목적은 역시 강성 향상, 특히 토 강성의 향상이었다고 한다. 더블 조인트식의 장점의 하나로, 가상 조향축을 밖으로 내놓음으로써, 편심회전진동(偏心回轉振動 · Shimmy)이나 휠 언밸런스 영향을 저감시키는데 있다. V35나 Z33에서도, 직진 상태에서 핸들을 꺾기 시작하면, 꺾여지는 일련의 동작에 대한 반응이 비교적 평

온하고 견고하다는 것을 실감할 수 있다. 반면에 개발진 입장에서 보면, 가령 코너링 중 연속적인 요철을 통과하는 경우에는 부정적인 면이 나오는 일이 있었다. 스포츠계(系) 자동차로서는 그런 부분도 확고히 하고 싶을 뿐만 아니라, 타이어 직경을 크게 하거나 차량중량 증가에 의한 코너링 가속도의 증대에도 대응하지 않으면 안 된다. 그리고 더블 조인트에서는 스티어링의 복원성, 즉 꺾었던 스티어링을 의도적으로 다시 되돌리는 조작이 필요한 점도 닛산의 기준에서는 괴로운 요소였다고 한다. 아래쪽을 암 형상으로 한 배경에는 그런 속사정이 있었다. 덧 붙여 말하면, MFi 본지 Vol.18의 플랫폼 특집에서 말하고 있는 바로 '스파이럴 형'의 진화 자체이기도 하다. Z33 FAIRLADY Z에서는 시장 투입 시기 형편상, 구조면의 변경은 보류하였다. 그러나 Z33의 2년 후에 투입된 FUGA에서는, 같은 플랫폼으로 전개하는 V8 탑재 SUV 등까지도 내다보고, 큰 하중 및 큰 입력에 대응해

서 변경을 하였다. 더 나아가서 2년 후의 V36 스카이라인에서는 최신의 경량화 기술 등, FMC의 타이밍에 맞추어 중요한 부분을 새롭게 개선하였다. 다만 개발진 왈 "이쪽이 일괄적으로 뛰어나다고는 생각하지 않습니다. 이번 자동차가 중시하는 특성을 실현하기 위해서는, 암(Arm)의 경우가 알맞았을 뿐이라는 이야기"라고 한다. 확실히 V36 스카이라인이 조향장치 조작에 대해서 보이는 기민한 반응은, 우수한 강성이 먼저 라는 것을 실감할 수 있다. 튜닝에 대한 주문도 있었으며, 특히 4WS가 "장착되었다"는 실감과 안정성 밸런스에 대해서는, 개인적으로는 다소 연출 과잉이라고 느끼고 있다. 필시 '상품성'과의 조화(造化)라고 추측해 보지만, 그것은 개발진도 충분히 알고 있을뿐더러, 플랫폼이 견고하게 만들어져 있는 만큼, 보다 자연스러운 주행이 되리라 충분히 기대할 수 있다.

■ 아래쪽 · 암 형상과 더블 조인트 링크 형상의 비교

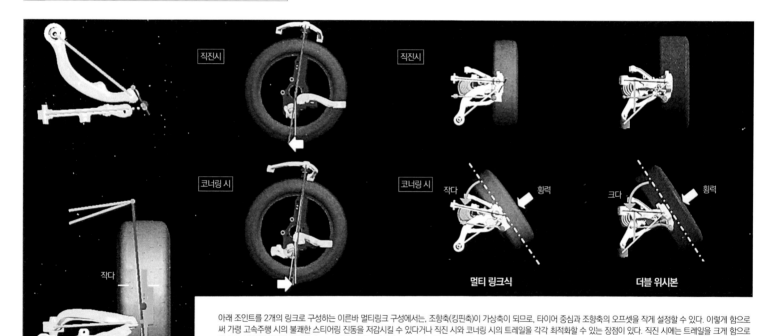

직진시 / 직진시 / 코너링 시 / 코너링 시 / 작다 / 작다 / 크다 / 횡력 / 횡력 / **멀티 링크식** / **더블 위시본**

아래 조인트를 2개의 링크로 구성하는 이른바 멀티링크 구성에서는, 조향축(킹핀축)이 가상축이 되므로, 타이어 중심과 조향축의 오프셋을 작게 설정할 수 있다. 이렇게 함으로써 가령 고속주행의 불쾌한 스티어링 진동을 저감시킬 수 있다거나 직진 시와 코너링 시의 트레일을 각각 최적화할 수 있는 장점이 있다. 직진 시에는 트레일을 크게 함으로써 고속 시의 안정성을 향상시키고, 코너링 시에는 작게 함으로써 깔끔한 조립감을 실현시킨다고 하는, 모순된 요구를 양립시키기 위하여 이용할 수 있는 것이다. 한편, 아래 조인트를 암으로 한 경우는, 코너링 시에 발생하는 타이어 횡력과 힘을 받아내는 로어 암과의 각도를 크게 취할 수 있음으로써 코너링 시의 횡강성(橫剛性 · Lateral Stiffness)을 보다 높일 수 있다.

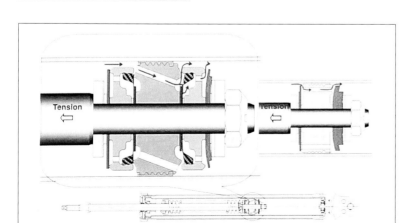

Tension / Tension

■ 듀얼 플로 패스 쇼크업소버(Dual Flowpass Shock Absorber)

좋은 조종성 및 안정성과 승차감을 양립시킬 목적으로, 댐퍼의 파일럿 케이스 내측과 외측에 각각 오일의 유로(流路)를 마련한 '듀얼 플로 패스'구조를 사용하였다. 피스톤 속도가 낮은 영역에서는 내측의 유로를 닫아두고, 유량에 대한 유속을 높여서 저속 영역에서의 감쇠력이 확실히 일어나게 한다. 핸들링, 특히 롤링이 시작되는 곳이나 반전되는 곳, 롤링이 수습되어 자세가 안정되는 곳에서 효과적이기 때문에, 매우 미세하게 컨트롤하고 싶은 영역이다. 피스톤 속도가 빨라지면, 내측의 유로도 열려 오일 유량을 늘리고, 중 · 고속 영역에서의 감쇠력을 최대한 낮게 억제한다. 이것이 승차감 개선의 핵심이다. 리바운드 스프링 사용과 아울러, 소위 '점진적인 감쇠(Degressive) 특성'의 실현을 지향하였다.

앞 현가장치의 구성은 하이마운트 형식의 더블 위시본 식이다. V36 스카이라인을 개발하면서 중요한 개선항목 으로는 골격다운 서브프레임의 강성 향상과 경량화이며, 이것을 위한 구조 및 제조법의 최적화였다고 판단할 수 있다. FUGA에 사용한 우물정자 모양의 서브프레임은, 고(高)진공 다이캐스트에 의한 일체형 구조의 알루미늄

제로 진화하였다. 이렇게까지 커다란 주물에 의한 크로 스멤버에도 불구하고, 상당히 논리적인 형상과 구조인 점에 주목하자. 덧붙이자면 닛산은 오랜 기간에 걸쳐, 댐 퍼 주변에 알루미늄 단조 부품을 사용했던 실적을 평가 받아 알루미늄 단조기술회(鍛造技術會)로부터 '알루미 늄 단조 기여상'을 수상하였다.

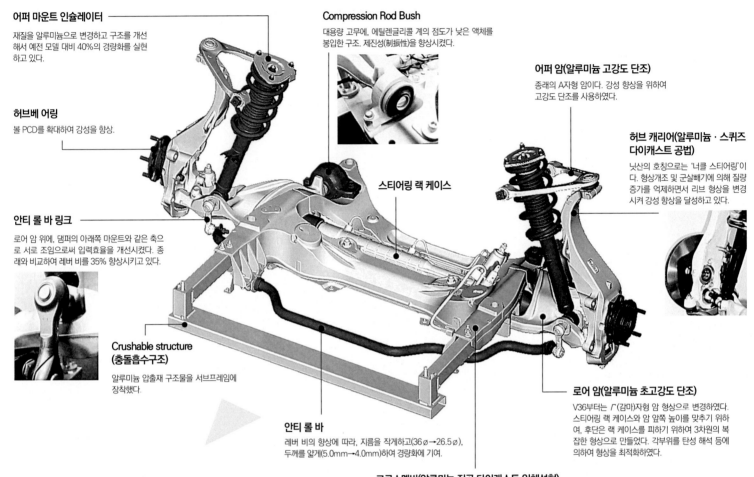

어퍼 마운트 인슐레이터
재질을 알루미늄으로 변경하고 구조를 개선 해서 예전 모델 대비 40%의 경량화를 실현 하고 있다.

허브베 어링
볼 PCD를 확대하여 강성을 향상.

안티 롤 바 링크
로어 암 위에, 댐퍼의 아래쪽 마운트와 같은 축으로 서로 조임으로써 입력효율을 개선시켰다. 종래와 비교하여 레버 비를 35% 향상시키고 있다.

Compression Rod Bush
대용량 고무에, 에틸렌글리콜 계의 점도가 낮은 액체를 봉입한 구조. 제진성(制振性)을 향상시켰다.

어퍼 암(알루미늄 고강도 단조)
종래의 A형 암이다. 강성 향상을 위하여 고강도 단조를 사용하였다.

허브 캐리어(알루미늄 · 스퀴즈 다이캐스트 공법)
닛산의 호칭으로는 '너클 스티어링'이 다. 형상개조 및 군살빼기에 의해 질량 증가를 억제하면서 리브 형상을 변경 시켜 강성 향상을 달성하고 있다.

스티어링 랙 케이스

Crushable structure (충돌흡수구조)
알루미늄 압출재 구조물을 서브프레임에 장착했다.

안티 롤 바
레버 비의 향상에 따라, 지름을 작게하고(36ø→26.5ø), 두께를 얇게(5.0mm→4.0mm)하여 경량화에 기여.

로어 암(알루미늄 초고강도 단조)
V36부터는 Γ(감마)자형 암 형상으로 변경하였다. 스티어링 랙 케이스와 암 앞쪽 높이를 맞추기 위하여, 후단은 랙 케이스를 피하기 위하여 3차원의 복 잡한 형상으로 만들었다. 각부위를 탄성 해석 등에 의하여 형상을 최적화하였다.

크로스멤버(알루미늄 진공 다이캐스트 일체성형)
일본차에서는 처음으로 선 보인 알루미늄 주조에 의한 크로스멤버 이다. 고진공 다이캐스트 제조법을 사용하고, 파워 트레인의 크레들 (Cradle)부분까지 일체로 성형한 점도 특징이다. 단순한 형상에서는 철 저하게 불필요한 부분을 없애겠다는 설계 사상을 알 수 있다. 그에 더 해, 중요한 부분에서는 두께를 변화시켜 세부적으로 경량화와 고강성 화에 배려하고 있다.

■ V35형 스카이라인의 앞 현가장치

참고로 V35형 이전의 스카이라인 앞 현가장치 구성도도 게재한다. 현재도 Z33형 FAIRLADY Z에서 사용하고 있는 형식이다. 아래쪽의 링크 구조분만 아니라, 너 클이나 서브프레임 형상, 안티 롤 바 링크 위치의 차이 등을 비롯하여 진화의 족 적을 확인하기 바란다.

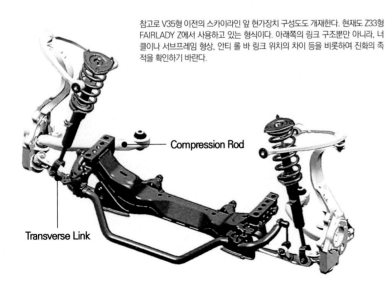

Compression Rod

Transverse Link

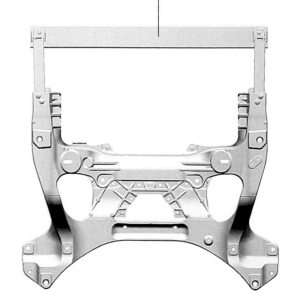

멀티 링크(Multi Link) – 로워 분할형

뒤 현가장치의 구성은 뒤쪽이 고강도 알루미늄 단조 A암, 아래는 앞쪽이 강철 파이프, 뒤쪽은 배 모양의 알루미늄 고진공 다이캐스트(Die Casting) 제조법에 의한 대형 링크이다. 토 방향의 제어를 담당하는 버팀 막대 (Radius Rod)는 알루미늄 압출재의 받침대 양단에 조인트 부분을 마찰압접(摩擦壓接)한 공을 들인 부품이다.

스프링과 댐퍼는 별도의 마운트를 사용했다. 앞 현가장치와 마찬가지로 크로스멤버의 구조에 주목하자. '제조의 용이성'과 성능 요구 요건의 최적화를 추구한 결과 이와 같은 구성이 되었다. 각 부위를 재설계하여 강도와 강성을 확보하면서 스프링 아래 질량의 저감에 크게 기여하고 있다고 추측할 수 있다.

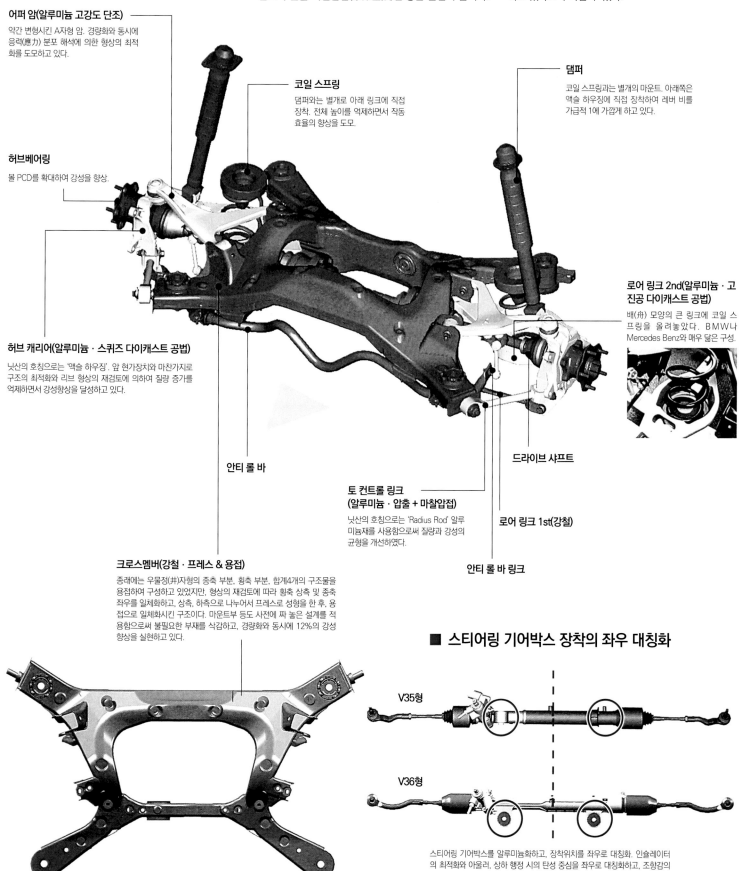

어퍼 암(알루미늄 고강도 단조)
약간 변형시킨 A자형 암. 경량화와 동시에 응력(應力) 분포 해석에 의한 형상의 최적화를 도모하고 있다.

코일 스프링
댐퍼와는 별개로 아래 링크에 직접 장착. 전체 높이를 억제하면서 작동 효율의 향상을 도모.

댐퍼
코일 스프링과는 별개의 마운트. 아래쪽은 액슬 하우징에 직접 장착하여 레버 비를 가급적 1에 가깝게 하고 있다.

허브베어링
볼 PCD를 확대하여 강성 향상.

로어 링크 2nd(알루미늄 · 고진공 다이캐스트 공법)
배(舟) 모양의 큰 링크에 코일 스프링을 올려놓았다. BMW나 Mercedes Benz와 매우 닮은 구성.

허브 캐리어(알루미늄 · 스퀴즈 다이캐스트 공법)
닛산의 호칭으로는 '액슬 하우징'. 앞 현가장치와 마찬가지로 구조의 최적화와 리브 형상의 재검토에 의하여 질량 증가를 억제하면서 강성향상을 달성하고 있다.

안티 롤 바

드라이브 샤프트

토 컨트롤 링크 (알루미늄 · 압출 + 마찰압접)
닛산의 호칭으로는 'Radius Rod' 알루미늄재를 사용함으로써 질량과 강성의 균형을 개선하였다.

로어 링크 1st(강철)

안티 롤 바 링크

크로스멤버(강철 · 프레스 & 용접)
종래에는 우물정(井)자형의 종축 부분, 횡축 부분, 합계4개의 구조물을 용접하여 구성하고 있었지만, 형상의 재검토에 따라 횡축 상측 및 종축 좌우를 일체화하고, 상측, 하측으로 나누어서 프레스로 성형을 한 후, 용접으로 일체화시킨 구조이다. 마운트부 등도 사전에 짜 놓은 설계를 적용함으로써 불필요한 부재를 삭감하고, 경량화와 동시에 12%의 강성 향상을 실현하고 있다.

■ 스티어링 기어박스 장착의 좌우 대칭화

V35형

V36형

스티어링 기어박스를 알루미늄화하고, 장착위치를 좌우로 대칭화. 인슐레이터의 최적화와 아울러, 상하 행정 시의 탄성 중심을 좌우로 대칭화하고, 조향감의 향상을 도모.

» MAZDA RX-8

'본보기'와 같은 앞 현가장치 그리고 공격적인(Aggressive) 구성의 뒤 현가장치

삽화 : 마쓰다(MAZDA)

MAZDA RX-8 Type S
길이 × 넓이 × 높이(mm) : 4470× 1770 × 1340
축간거리(mm) : 2700
트레드(mm) : F 1500, R 1505
엔진탑재위치 : 앞 세로배치
구동륜 : 뒷바퀴
타이어 사이즈 : FR 모두 225 / 45R18

Mazda RX-7은 일본차에서는 거의 유일하다고 할 수 있을 정도로, 'Pure Sports' 패키지를 계속 추구해 온 시리즈이다. 특히 3세대인 FD3S형에서는, 거의 이상적인 레이아웃인 더블 위시본을 앞/뒤에 사용하고 암(Arm)종류를 단조 알루미늄으로 하는 등, 경량화에도 신경을 쓰며 노력과 비용을 들인 구성이 빛나는 현가장치를 갖고 있다. FD3S형은 개인적으로 지금도 즐겨 애용하고 있는 자동차인데 , 포장도로 랠리에 참가하거나 자사제품으로서 현가장치 주변을 강화하기 위한 개량용 부품도 개발하여왔다. 그와 같은 경험을 통해 보면 아직 마음에 걸리는 점이 있긴 하지만, 그것은 여기에서 거론하는 RX-8에서도 마찬가지다. Mazda의 개발진은, 주행을 위한 패키지를 구축하는 데 있어서 몇 가지의 '큰 원칙'을 대대로 계승하고 있다는 느낌이 든다. 크게 3가지를 말하면, 우선 , '운동 성능'을 측정하는 기준으로서, 요(Yaw) 관성모멘트의 저감에 중점을 두고 있다는 점. 다음으로, 앞의 롤 센터와 뒤의 롤 센터를 연결하는 롤 축이 앞이 내려간 설정으로 되어 있는 점. 마지막으로, 뒤쪽의 토 및 캠버를 적극적으로 변화시키고 제어함으로써, 운동성과 안정성의 고차원적인 양립을 목표로 하고 있다는 점이다. 2세대 RX-7의 FC3S형은, 그 대표적인 예라고 생각된다. 뒤에 토 컨트롤 기구를 사용하고, 가속도 0.4m/s²을 경계로 토 인과 토 아웃이 바뀌도록 설정되어 있다. 확실히 이치적으로 뒤쪽의 거동은 안정방향으로 수렴하고 있으며, 실제 효과도 느낄 수 있지만, 자동차 전체의 거동이 돌연히 변화하는 위화감을 먼저 느끼게 하는 난점이 있다. 애프터마켓 부품 시장에서는, 토 변화 취소용 부품이 정품처럼 되었을 정도다. 덧붙이자면, 토 컨트롤 기능은 FD3S형에서도 계승되고 있었다.

「그 다음」을 추구하는 자세는 훌륭하지만 다만 「힘이 너무 들어간」감이 있다

RX-8의 현가장치는 완전히 새로 설계로 되었다. 언뜻 보기엔, FD3S와 같은 것처럼 보이는 앞 현가장치도, 액슬(Axle) 위치를 오프셋(Offset)하여 트레드 변화를 최적화하는 등 세부적으로 뜯어 고쳤다. 뒤 현가장치가 새로 설계된 점은 말할 필요도 없지만 역시 '큰 원칙'은 계승되고 있는 듯하다. 그런 점은 신차 발표 때의 보도용 자료 중에도 '컴플라이언스 토 및 캠버 컨트롤' 이라고 나타내었다. RX-8의 뒤 현가장치는 5개의 링크로 구성되어 있다. 이것은 뒷 자석의 공간 확대를 위하여, 유닛 전체를 낮게 억제할 필요가 있었던 것도 영향을 주고 있을 것이다. 그 중에, 래터럴 링크(Lateral Link)의 서브프레임 측 체결점의 고무 부시는, 항상 링크 측으로

특이한 구성을 보이는 뒤 현가장치

사진은 차체 중앙부에서 본 우측 후륜용 현가장치 주변을, 각도를 바꾸면서 본 2가지 모습이다. 매우 복잡한 링크 배치로 되어 있기 때문에, 각 링크에 대응하는 번호를 달았으므로 다음 페이지의 사진과 함께 보길 바란다. ① 래터럴 링크 어퍼, ② 어퍼 링크, ③ 래터럴 링크 로어, ④ 토 컨트롤 링크, ⑤ 트레일링 링크 이다. 이 링크 배치에 따라서 실현되는 토 및 캠버 변화의 개념을 나타낸 것이 좌측 사진이다. 댐퍼 축이 링크 배치에 따라 결정되는 가상 조향축보다 바깥쪽이면서 후방에서 교차하고 있다. 후륜의 상하 움직임에 따른 댐퍼의 반력에 의하여, 후륜에는 항상 가상 조향축을 중심으로 하여 토 인 측을 향하는 모멘트가 발생한다. 그리고 상하 2개의 래터럴 링크에는 항상 후륜을 네거티브 캠버 방향으로 규제하는 초기 하중이 걸려 있다.

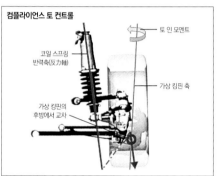

컴플라이언스 토 컨트롤

토 인 모멘트
코일 스프링 반력축(反力軸)
가상 킹핀 축
가상 킹핀의 후방에서 교차

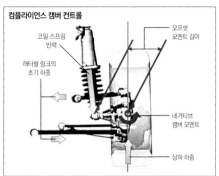

컴플라이언스 캠버 컨트롤

오프셋 모멘트 길이
코일 스프링 반력
래터럴 링크의 초기 하중
네거티브 캠버 모멘트
상하 하중

국부강성향상(局部剛性向上)을 위한 배려(配慮)

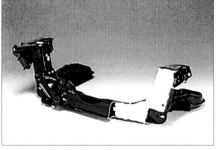

좌측 사진은 우측 앞 현가장치이다. 암이나 너클 분만 아니라, 각 피봇도 받는 힘의 방향과 크기에 따라서, 방향, 종류, 용량을 최적화하고, 강도·강성의 확보에 배려하고 있다는 것을 엿볼 수 있다. 암류의 부시에는 '제로 클리어런스 스토퍼 구조'를 사용하여 전후 방향의 움직임을 억제하고 있다. 우측 사진은 특별 사양차 등에 사용하는 서브프레임이다. 내부에 경질(硬質) 발포 우레탄을 충전시키고 소음·진동(NV) 성능과 비틀림 강성을 향상시켰다.

밀어붙이도록 장력(Tension)을 걸어 줌으로써 부시의 '불감대(不感帶·Dead Band)'를 없애고, 조향에 대한 응답 지연을 최소한으로 억제함과 동시에, 외란에 대한 타이어의 불필요한 움직임을 억제한다. 확실히, 이 배치에서는 차량 정지 상태라도 모든 부시에 항상 장력이 걸린 상태가 된다. 바꿔 말하면 '준비완료' 상태다. 그러나 현가장치의 움직임에 따라서 부시에 걸려 있던 장력이 일단 느슨해지고, 다시 힘이 높아질 때에 각 링크가 반응하며, 너클에 힘을 전달하여 후륜을 계속해서 움직이게 하는 점이 신경 쓰인다. 현실적으로 완전하게 평평한 노면은 존재하지 않기 때문에 구동력 혹은 제동력이 작동하면 직진 상태라도 뒤가 항상 토 변화를 일으키는 주행이 된다. 구동이나 제동을 동반하지 않는 단순한 상하 움직임에 대해서는, 부시의 장력이 개방되어 되돌아올 때에 트레드 변화가 일어난다. 물론, 그에 따라 차체 거동이 흐트러지거나, 발산(發散) 방향이 되는 일은 없지만, 신경질적인 움직임인 것만은 틀림이 없으며, 운전자가 느끼는 '안정감'에 지속적인 영향을 준다. 롤 축이 앞으로 내려가도록 한 설정도 FF의 앞이 무거운데 대한 대책이라고 한다면 어쨌든, 왜 RX-8까 지 그렇게 하는 것일까? 그 이유를 알 수가 없다. 자료에서는 '자연스러운 롤 감각을 추구하고' 라고 설명되어 있지만, 그 이유에 대해서는 구체적으로 밝히지 않았다. 한때는 존속이 위태로웠던 로터리 스포츠의 계보를 잇는 것으로서, RX-8의 개발에 최대한의 힘을 기울였다는 것은 상상할 수 있다. 실제로, 완전한 4열 좌석배치가 되었기는 하지만, 경량 콤팩트한 로터리 엔진과 그 장점을 최대한으로 살린 패키지의 실현에 의하여 차체의 중량배분은 상당히 훌륭하게 실현되고 있다. 현가장치에 관해서도 '좀 더 앞날을 내다보자!' 하며 고심 끝에 완성시켰을 것이다. 그 기개(氣槪)는 가상하고, 노력의 흔적도 도처에서 보인다. 그러나 원래 뛰어난 운동성능을 가지고 있는 차체에, 이러한 설정은 오버 어시스트라고 생각된다. 요(Yaw) 관성모멘트를 저감시켰다면, 자연히 거동이 안정방향으로 수렴할 때까지의 시간도 빨라졌을 것이며, 그래서 그 '타고난 성품'의 좋은 점을 그대로 맛볼 수 있는 현가장치를 기대했다.

FRONT 더블 위시본 (Double Wishbone)

콤팩트한 로터리 엔진의 특징을 살리고, 엔진이 차의 실내 측으로 크게 들어간 패키지로 인해 생기는 공간을 활용하여, 앞 현가장치는 더블 위시본의 이상적인 배치를 실현하고 있다. 암 길이를 가능한 한 길게 하고 얼라인먼트 변화를 억제한다. 허브 측 피봇은 약간 전방으로 오프셋하여 입력에 의한 트레드 변화를 억제하고, 타이로드는 로어 암과 평행으로 배치하여 범프 스티어를 배제한다. 그리고 FD3S의 약점이었던 크로스멤버 및 마운트 종류의 강성도 개선하고, 스티어링 기어박스의 결합 강성을 높이는 등 기본에 충실하게 신중히 갈고 닦아진 느낌이다.

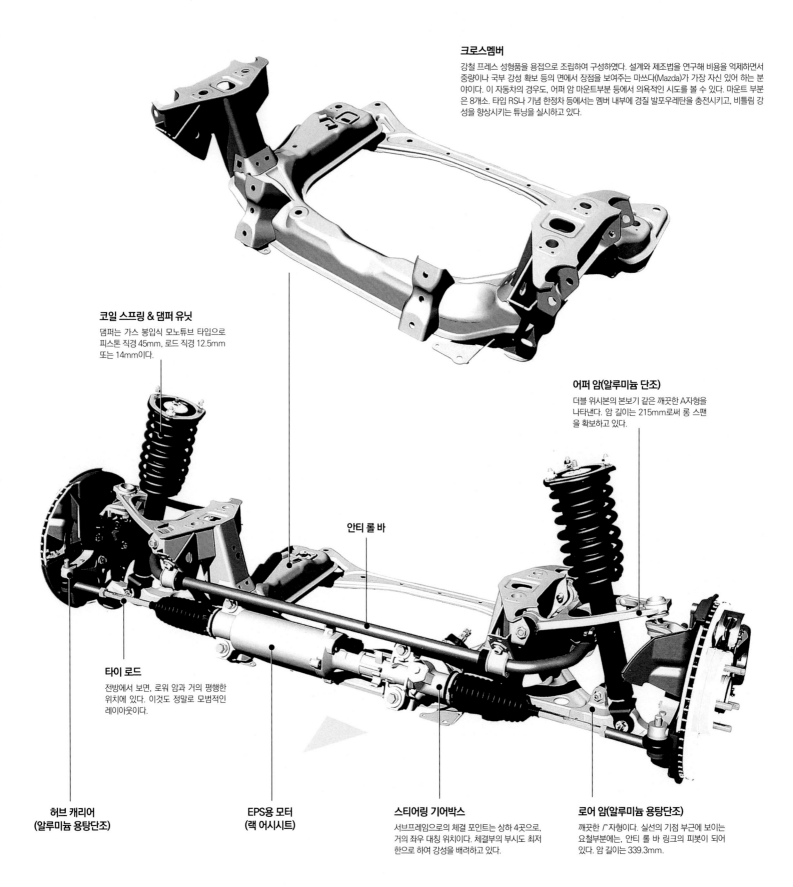

크로스멤버
강철 프레스 성형품을 용접으로 조립하여 구성하였다. 설계와 제조법을 연구해 비용을 억제하면서 중량이나 국부 강성 확보 등의 면에서 장점을 보여주는 마쓰다(Mazda)가 가장 자신 있어 하는 분야이다. 이 자동차의 경우도, 어퍼 암 마운트부분 등에서 의욕적인 시도를 볼 수 있다. 마운트 부분은 8개소. 타입 RS나 기념 한정차 등에서는 멤버 내부에 경질 발포우레탄을 충전시키고, 비틀림 강성을 향상시키는 튜닝을 실시하고 있다.

코일 스프링 & 댐퍼 유닛
댐퍼는 가스 봉입식 모노튜브 타입으로 피스톤 직경 45mm, 로드 직경 12.5mm 또는 14mm이다.

어퍼 암(알루미늄 단조)
더블 위시본의 본보기 같은 깨끗한 A자형을 나타낸다. 암 길이는 215mm로써 롱 스팬을 확보하고 있다.

안티 롤 바

타이 로드
전방에서 보면, 로워 암과 거의 평행한 위치에 있다. 이것도 정말로 모범적인 레이아웃이다.

허브 캐리어 (알루미늄 용탕단조)

EPS용 모터 (랙 어시시트)

스티어링 기어박스
서브프레임으로의 체결 포인트는 상하 4곳으로, 거의 좌우 대칭 위치이다. 체결부의 부시도 최저한으로 하여 강성을 배려하고 있다.

로어 암(알루미늄 용탕단조)
깨끗한 Γ자형이다. 실선의 기점 부근에 보이는 요철부분에는, 안티 롤 바 링크의 피봇이 되어 있다. 암 길이는 339.3mm.

복잡한 링크 구성으로 사진을 언뜻 본 것만으로는 도 대체 무엇이 어떻게 되어 있는 지 이해하기 어려울 지도 모르겠지만, 앞 페이지의 사진과 같이 보면서 전모를 파 악하길 바란다. 기본적으로는 뒤쪽이나 아래쪽이나 2개 의 링크로 구성되는 더블 위시본 + 토 컨트롤 링크이다. AUDI의 'Trapezoidal'과 같은 구성이라고 생각해도 좋

다. 링크 강이 길이를 확보하기 위한 노력도 엿보인다. 프런트 와 마찬가지로, 서브프레임의 강성확보에 최대한으로 배 려되고 있는 점에도 주목하기 바란다. 일본차에서 이렇 게까지 심혈을 기울인 예는 드문 일로, 개발진의 진지한 자세가 전달되는 부분이기도 하다.

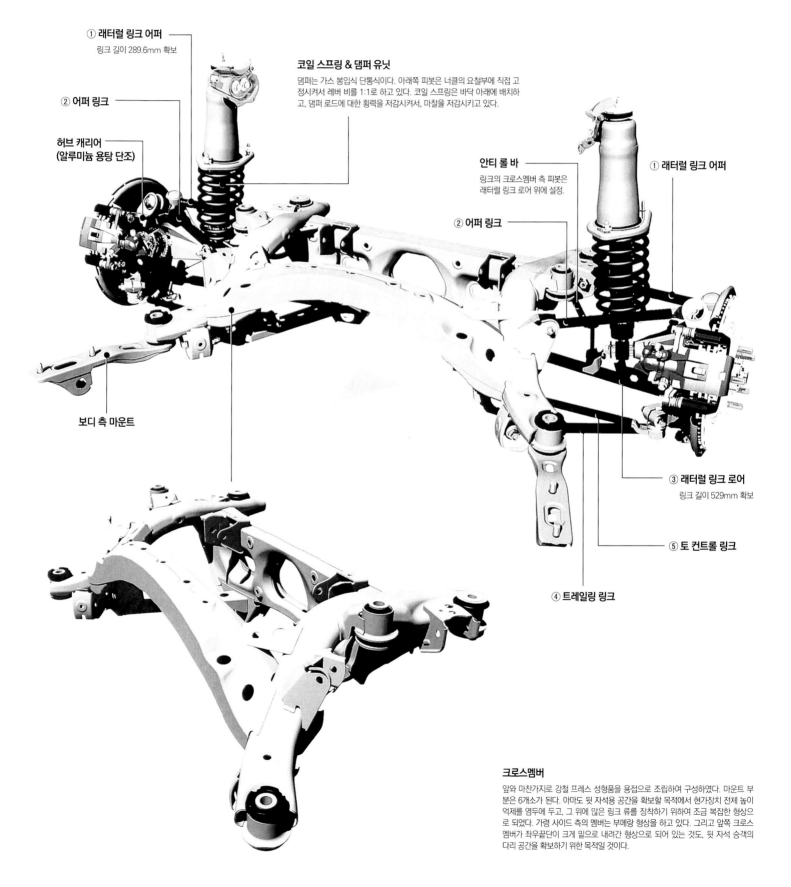

① 래터럴 링크 어퍼
링크 길이 289.6mm 확보

② 어퍼 링크

허브 캐리어
(알루미늄 용탕 단조)

보디 측 마운트

코일 스프링 & 댐퍼 유닛
댐퍼는 가스 봉입식 단통식이다. 아래쪽 피봇은 너클의 요철부에 직접 고 정시켜서 레버 비를 1:1로 하고 있다. 코일 스프링은 바닥 아래에 배치하 고, 댐퍼 로드에 대한 횡력을 저감시켜서, 마찰을 저감시키고 있다.

안티 롤 바
링크의 크로스멤버 측 피봇은 래터럴 링크 로어 위에 설정.

② 어퍼 링크

① 래터럴 링크 어퍼

③ 래터럴 링크 로어
링크 길이 529mm 확보

⑤ 토 컨트롤 링크

④ 트레일링 링크

크로스멤버
앞와 마찬가지로 강철 프레스 성형품을 용접으로 조립하여 구성하였다. 마운트 부 분은 6개소가 된다. 아마도 뒷 자석용 공간을 확보할 목적에서 현가장치 전체 높이 억제를 염두에 두고, 그 위에 많은 링크 류를 장착하기 위하여 조금 복잡한 형상으 로 되었다. 가령 사이드 측의 멤버는 부메랑 형상을 하고 있다. 그리고 앞쪽 크로스 멤버가 좌우끝단이 크게 밑으로 내려간 형상으로 되어 있는 것도, 뒷 자석 승객의 다리 공간을 확보하기 위한 목적일 것이다.

» CADILLAC CTS

코스모폴리탄·아메리칸

사진 및 삽화 : GM / MFi

Cadillac CTS(3.6)
길이×너비×높이:(mm) : 4870× 1850 ×1470
축간거리(mm) : 2880
트레드(mm) : F 1575, R 1580
차량 중량(kg) : 1810
엔진탑재위치 : 앞 세로배치
구동륜 : 뒷바퀴
타이어 사이즈 : FR 모두 235 / 50ZR18

선입견이라는 것은 무서운 것이다. 이 차종 선택은 편집부의 제안이지만, 사실은 이 자동차에 대해서 잘 알지 못했기 때문에 조금 조사해 보았다. 그런데, 엔진이 직접 분사식(直接噴射式)인 것은 시대적인 추세로서 3.6리터의 V6라는 차격(車格)에 비해 다소 어중간한 설정이고, 앞/뒤 모두가 더블위시본인 것은 아무래도 아메리카 차다운 면을 느낄 수 없는 구성이다. 섀시 각부의 구조를 보더라도 오히려 유럽의 'D Segment Sedan'과 같은 형식으로 구성되어 있다는 느낌이 든다. 무언가 이해가 잘 되지 않는다. 가장 작은 클래스의 자동차라면 몰라도, 이 클래스의 세단, 더욱이 캐딜락이라면, 좀더 '미국적인 자동차 문법' 에 따르고 있어야 당연한 것은 아닐까? 하고 생각되었기 때문이다. 일본 시장에서 본다면, 왠지 고풍스러운 것처럼 느껴지는 대배기량 V8 엔진도, 뒤쪽의

일체식 액슬도, 전체로 조금 느슨한 셋업도, 미국 땅에서 장거리 이동할 때에는 정말로 딱 알맞을 것이다. 하물며 캐딜락이라는 전통이 있는 브랜드라면 당연히, 조금 더 보수적으로 가지 않는다면 고정 고객을 놓치게 되는 것은 아닐까?

콘셉트는 '월드와이드'
표적은 E Class 5 Series 그리고 Lexus

그런 점을 메이커의 홍보담당자에게 문의한 결과, 의문은 풀렸다. 우선, 캐딜락이라는 브랜드는 확실히 전통이 있는 차로서 사용자의 충성도도 높았다. 그러나 그것은 양날의 칼이기도 하다. 사용자가 고령화됨에 따라 '노인용'이라는 이미지도 정착하고 있었다. 그대로 방치하

면 브랜드 가치 자체가 위태로워진다. 그래서 과감히 젊음을 되찾기로 하고, 동시에 브랜드 캐릭터도 아메리칸 국내용이 아닌 전 세계에서 통용될 수 있는 스포츠 세단, 이라는 콘셉트로 재구축(再構築)을 도모했다고 한다. 그 중에도 이 CTS는 차의 품격에서 Mercedes의 E Class, BMW의 5 Series와 오버랩(Overlap)될 정도로, 어떤 의미에서는 신생 캐딜락의 이미지가 신생 차량들의 리더 역할을 담당하게 된다. 그래서 유럽 도로의 주행속도 영역에서도 성능측면에서 동등 이상으로 경쟁할 수 있도록 뉘르부르크 링에서 테스트 주행을 거듭해가며 셋업을 결정했다고도 한다. 또한 가격 면에서도 C Class나 BMW의 3 Series에 가깝게 설정한 전략 모델이다. 시점을 바꿔서 말한다면, 신생 캐딜락의 콘셉트는 「렉서스 풍」이라고 하면 바로 이해가 되지 않을까. 언뜻 봐서는 어느

「Sigma Architecture」 플랫폼

캐딜락은, 2003년식 모델로 발표한 1세대 CTS에서 「Sigma Architecture」라고 하는 새로운 설계의 플랫폼을 사용하였다. 오랜 기간에 걸쳐서 앞바퀴 구동을 사용해 왔던 캐딜락이, Sigma Architecture에서는 오래간만에 뒷바퀴 구동화를 단행하고 driver's Sedan으로서의 질적 향상을 꾀하였다. 이 플랫폼은 CTS 이외에 STS, SUV인 SRX 등에도 사용되고 있으며, 미래에는 한층 더 신형차량에서의 이용도 계획하고 있는 듯하다. 2세대 CTS에서는 기본 부품들도 세부적으로 개량하면서 동시에 현가장치나 브레이크 등의 부품에, 1세대의 고성능판 CTS-V(현재는 2세대에도 설정)용을 더욱 개량하여 탑재시키는 방법을 취하고 있다.

4WD의 앞 현가장치는 완전히 별도의 설계

일본에는 도입되지 않았지만, 북미 등의 지역에서는 CTS에 4WD 사양도 판매되었다. 사진은 그 앞 현가장치의 주변이다. 사진을 보고 판단한다면, SUV인 SRX와 공용하고 있는 부분이 많은 듯하며, 미래를 내다 본 플랫폼 전략과 차종 및 사양 라인업의 확충이 잘 되어 있다고 평가해도 좋다

도처에서 보이는 개성적인 제조법

사지는 앞쪽의 크로스멤버 주변이다. 사진의 위쪽이 차량 전방이 된다. 로어 암 피봇을 갖춘 우물정자(#字)형 부분은 알루미늄 주조에 의한 중공구조이며 다소 곡선적인 구성이다. 세심하게 리브를 세우는 등 강성면에 대한 배려를 볼 수 있으며, 강도가 불필요한 부분은 과감히 경량으로 하면서, 상당히 응집된 구조로 되어 있다. 이 주변도 최근의 Mercedes나 Audi, Peugeot 등과 같은 유럽차량과 공통적인 개념에 근거하고 있다고 판단해도 좋다.

나라의 자동차인지 판단이 잘 안 되는 모습에서, 렉서스와 마찬가지로 전 세계적으로 통용되는 차로 자리매김 시키겠다는 의도가 느껴진다.

그런 "리셋"의 결과로 탄생한 2세대 CTS가 어떤 자동차로 완성되었느냐면, 개발 쪽이 의도한 목적은 대개 달성했지 않았나 하고 생각했다. 주행에 있어서의 기본적인 느낌은 넉넉하다는 감각이다. 이 감각은 "땅"이라고 할지, 소싯적 아메리카 차가 갖고 있던 좋은 의미에서의 여유로움, 대범함 같은 것이 기초를 이루고 있는 인상을 주기에 충분하다.

엔진출력 특성에서도 그런 인상이 두드러지는데, 가속페달을 끝까지 밟아도 이렇다 할 가속도는 생기지 않는다. 물론 일상적인 용도로는 충분할 뿐만 아니라 아우토반의 추월차선으로 나와도 주저하는 느낌 없이 치고 나간다는 수준이라고는 생각한다. 어디까지나 탑승객을 놀라게 하지 않는, 부드러운 가속이 계속된다는 느낌이다.

그런 과정에서 느껴지는 것이 실내의 정숙함과 그것이 가져다주는 차분한 분위기이다. 절대적인 소음수준은 그다지 낮지 않다고 생각되지만, 그렇다고 소음이 감춰진 느낌도 없고, 귀에 들리는 것이 거의 전부라고 해도 좋을 만큼 대화도 명료하게 들린다. 이 정도라면 고속에서 장시간 주행해도 정신적인 부담이 크지 않을 것이다. 기회가 있으면 꼭 장거리를 달려보고 싶은 기분이었다.

현가장치의 셋업에 있어서도, 좋은 의미로 넉넉함이 느껴진다. 일단 승차감에서 예민하지 않다. 약간 고르지 않은 곳을 달려도 도로의 요철이 느껴지지 않는다. 그렇다고 결코 물렁한 느낌도 아니다. 위아래로의 움직임은 유럽차 같이 적절한 댐핑을 동반한 움직임을 기본으로 하면서 수축할 때의 감각이 상당히 양호하다. 특히 타이어와 보디의 움직임에서 뛰어난 연속성을 느끼게 한다는 점이 좋은 인상을 주었다.

조향을 해 나가는 과정에서의 응답성도 오랜만에 느껴보는 묵직한 감각으로, 조작에 대한 자동차의 반응에 뛰어난 직선성(linearity)이 있다. 앞 로어 암의 마운트 구조상, 경우에 따라서는 토 변화가 일어나는 경향도 없지 않아 있지만, 당연히 부드러움과 바람직한 균형을 생각하면 그렇게 신경 쓸 만큼의 수준은 아니라고 평가할 수 있다.

더블 위시본 (Double Wishbone)

어퍼 암을 하이마운트 하는 더블 위시본이다. 주요한 부위는 가운데가 빈 중공의 알루미늄 주조품(鑄造品)으로 만들었으며, 보디 측에 장착 등은 압출재를 용접한 구조의 크로스멤버를 핵심으로 해서 조립되어져 있다. 로어 암은 뒤쪽 피봇을 허브센터와 거의 평행으로 배치하였으며, 전후방향의 중앙부분을 만곡(彎曲)시켜서 타이

로드가 통과하도록 한, 그다지 본 적이 없는 구성이다. 차체의 크기도 앞차축 무게가 1t 가까이 되어, 이미 트럭과의 경계선상에 와 있다는 느낌도 든다. 전체의 레이아웃이나 부시의 용량 등에서는, 그 중량에 걸맞은 수준을 확보하기 위해 배려한 느낌이 든다.

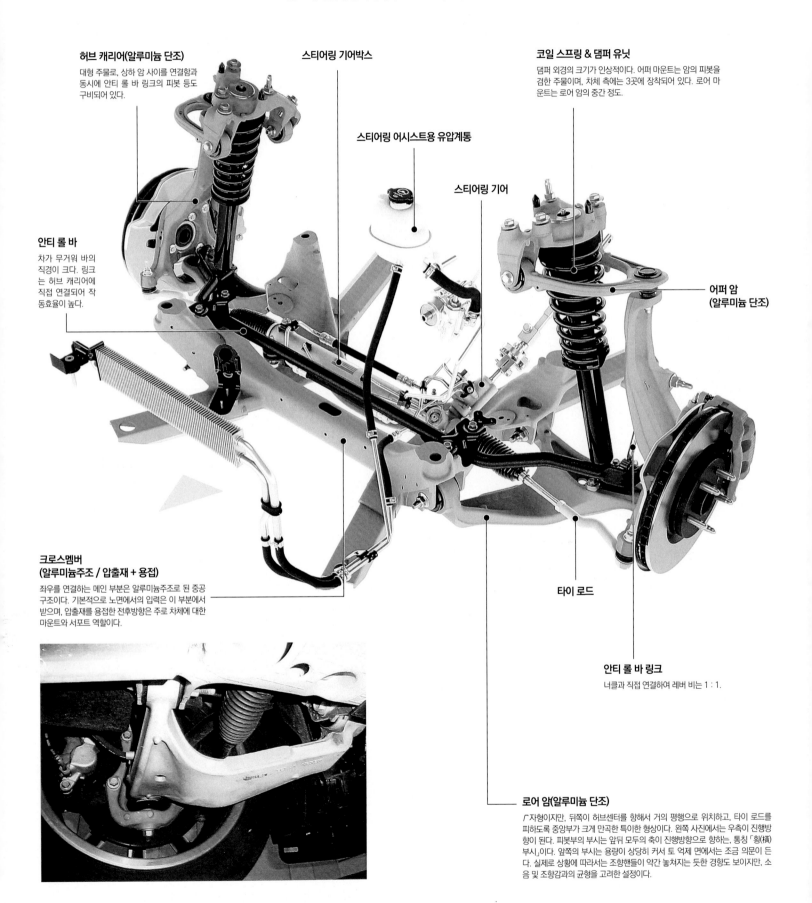

허브 캐리어(알루미늄 단조)
대형 주물로, 상하 암 사이를 연결함과 동시에 안티 롤 바 링크의 피봇 등도 구비되어 있다.

스티어링 기어박스

스티어링 어시스트용 유압계통

스티어링 기어

코일 스프링 & 댐퍼 유닛
댐퍼 외경의 크기가 인상적이다. 어퍼 마운트는 암의 피봇을 겸한 주물이며, 차체 측에는 3곳에 장착되어 있다. 로어 마운트는 로어 암의 중간 정도.

안티 롤 바
차가 무거워 바의 직경이 크다. 링크는 허브 캐리어에 직접 연결되어 작동효율이 높다.

어퍼 암 (알루미늄 단조)

크로스멤버 (알루미늄주조 / 압출재 + 용접)
좌우를 연결하는 메인 부분은 알루미늄주조로 된 중공 구조이다. 기본적으로 노면에서의 입력은 이 부분에서 받으며, 압출재를 용접한 전후방향은 주로 차체에 대한 마운트와 서포트 역할이다.

타이 로드

안티 롤 바 링크
너클과 직접 연결하여 레버 비는 1 : 1.

로어 암(알루미늄 단조)
「자형이지만, 뒤쪽이 허브센터를 향해서 거의 평행으로 위치하고, 타이 로드를 피하도록 중앙부가 크게 만곡한 특이한 형상이다. 왼쪽 사진에서는 우측이 진행방향이 된다. 피봇부의 부시는 앞뒤 모두의 축이 진행방향으로 향하는, 통칭 「횡(橫)부시」이다. 앞쪽의 부시는 용량이 상당히 커서 토 억제 면에서는 조금 의문이 든다. 실제로 상황에 따라서는 조향핸들이 약간 놓쳐지는 듯한 경향도 보이지만, 소음 및 조향감과의 균형을 고려한 설정이다.

REAR **멀티 링크 (Multi Link)**

강철 프레스 성형품을 용접하여 조립한 우물정(井)자형, 상하 2단 구조의 크로스멤버를 핵심으로 구성하였다. 이쪽도 요즈음의 유럽차량 추세에 따라서 현가장치 전체를 낮게 설정하여, 실내 및 트렁크 공간을 확대하는 점, 그리고 유닛(Unit)화하여 라인에서의 조립 공정을 간략화하기 위한 배려가 보인다. 구성 자체는 비교적 종래와 같지만, 트레일링 링크나 허브 캐리어는 최소한으로 필요한 크기만 남기고 줄였다든지, 반대로 강성이 필요한 부분은 다소 과다하다고 느낄 정도의 수준을 확보하고 있는 것을 보면, 설계자의 의욕을 느낄 수 있다.

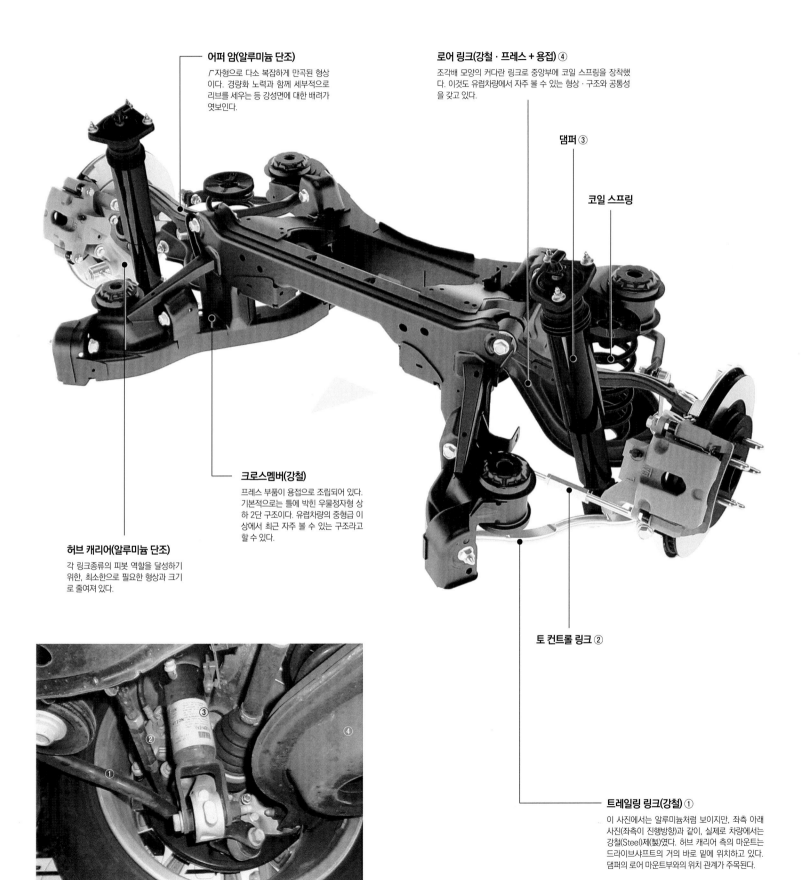

어퍼 암(알루미늄 단조)
ㄱ자형으로 다소 복잡하게 만곡된 형상이다. 경량화 노력과 함께 세부적으로 리브를 세우는 등 강성면에 대한 배려가 엿보인다.

로어 링크(강철·프레스 + 용접) ④
조각배 모양의 커다란 링크로 중앙부에 코일 스프링을 장착했다. 이것도 유럽차량에서 자주 볼 수 있는 형상·구조와 공통성을 갖고 있다.

댐퍼 ③

코일 스프링

크로스멤버(강철)
프레스 부품이 용접으로 조립되어 있다. 기본적으로는 틀에 박힌 우물정자형 상하 2단 구조이다. 유럽차량의 중형급 이상에서 최근 자주 볼 수 있는 구조라고 할 수 있다.

허브 캐리어(알루미늄 단조)
각 링크종류의 피봇 역할을 달성하기 위한, 최소한으로 필요한 형상과 크기로 줄여져 있다.

토 컨트롤 링크 ②

트레일링 링크(강철) ①
이 사진에서는 알루미늄처럼 보이지만, 좌측 아래 사진(좌측이 진행방향)과 같이, 실제로 차량에서는 강철(Steel)제(製)였다. 허브 캐리어 측의 마운트는 드라이브샤프트의 거의 바로 밑에 위치하고 있다. 댐퍼의 로어 마운트부와의 위치 관계가 주목된다.

▶ FORD MUSTANG

일체식 액슬(Rigid Axle)을 추구하는 이유와 '잘 다루는' 방법의 실제

삽화 : FORD

FORD MUSTANG(V8 GT Coupe Premium)
길이 × 너비 × 높이(mm) : 4765 × 1880 × 1385
축간거리(mm) : 2720
트레드(mm) : F 1580, R 1585
엔진탑재위치 : 앞 세로배치
구동륜 : 뒷바퀴
타이어 사이즈 : FR 모두 235 / 50R18

현가장치에 관한 「정설(定說)」의 하나로, 「독립현가장치는 뛰어나다」라는 말이 있다. 실제로 FF차의 뒤 현가장치에 사용되는 TBA(Torsion Beam Axle)를 제외하면, 승용차용 현가장치의 주류는 완전히 좌우 독립현가식이다. 좌우 차륜 사이를 하나의 차축으로 직접 연결하는 소위 일체식 액슬 방식의 현가장치를 사용하고 있는 자동차는 상용차, 본격 크로스컨트리 타입, 그리고 아메리카 자동차의 일부에 한정되어 있다. 그러면 이들 자동차는 왜, 일체식 액슬을 지속적으로 사용하고 있는 것일까? 일체식 액슬의 장점은 우선 타이어의 위치결정을 하기 쉽다는 점이다. 좌우차륜 사이에서 차축을 공유하기 때문에, 차체의 상/하 운동시의 받침점이 서로 반대차륜 측의 피봇(Pivot)부가 되어, 상대적인 위치관계의 변화가 작다는 점이

그 이유이다. 더욱이, 타이어의 지탱에 고무를 개재시키지 않는 구조이므로 토, 캠버, 트레드 변화 등의 강성을 높일 수 있다. 그 만큼, 차체의 움직임을 안정되게 길들이기 쉽다. 상용차(商用車)나 본격 크로스컨트리 타입은 용도측면에서도, 댐퍼 주변의 강성 확보가 중요하여, 일체식 액슬을 사용하는 이유의 대부분은, 이런 부분과 비용 면에 있다고 말해도 좋다.

미국인에게 일체식 차축은
'사용하기 익숙한 도구'의 하나

그러나, 이러한 장점들도 뒤집어 생각하면 단점이 된다. 좌/우 차륜의 상대적인 위치관계가 변함이 없다는 것은, 좌/우 어느 한쪽만이 돌기부분을 넘어갈 경우, 반대쪽 차륜도 영향을 받는 것이다. 타이어의 위치 결정을 하기 쉬운 대신에, 적극적으로 토 변화나 캠버 변화를 이용하는 기하학적 구조는 설정할 수 없고, 타이어의 외력에 의한 탄력성을 이용한 조향 기능도 이용할 수 없다. 차축이 길어지며, 디퍼렌셜 기어의 중량에 의한 영향도 크며, 결국 스프링 아래 질량이 증가한다. 이와 같은 점에서 일체식 액슬에 대한 일반적인 평가는 접지성이 나쁘고, 덜컥거리는 현가로, 승차감 면에서 승용차용은 아니다. 하물며 스포츠용으로는 논할 가치도 없다. 그러면 이번에 거론하는 머스탱을 필두로, 왜 아메리카 자동차에서는 일체식 차축이 지속적으로 사용되고 있는 것일까 ? 라고 묻는다면,「국가의 정서」 혹은 「도로 사정」이 될 것이다. 머스탱(MUSTANG)을 시승하면서 받은 인상도 「하이웨이를, 흔들림 없이, 쾌적하

1964년에 등장한 1세대 머스탱은 포드에게는 타입 T 이래 최고라 불릴 정도로 대(大)히트작이 되었다. 목표 고객은 제2차 세계대전 이후에 출생한 소위 「베이비 부머(Baby Boomer)」세대, 즉 당시의 젊은 세대였다. 그리고 현행 머스탱도, 또다시 그 베이비 부머 세대들에게 인기가 있다고 한다. 상급 모델은, 일체식 액슬과 함께 「아메리칸 자동차」의 상징인 대배기량 V8엔진을 탑재했다. 고속도로를 비롯해 일반 주행 시에 필요로 하는 가속도를 얻기 위해서는, 기껏해야 2500rpm 정도만 회전시키면 충분한 토크를 얻을 수 있다. 아메리카 하이웨이를 끝없이 묵묵히 그리고 쾌적하게 계속 달리기 위해서는 「필연」이라고도 할 만한 특성을 지니고 있다.

■ 4링크 구성의 일체식 액슬

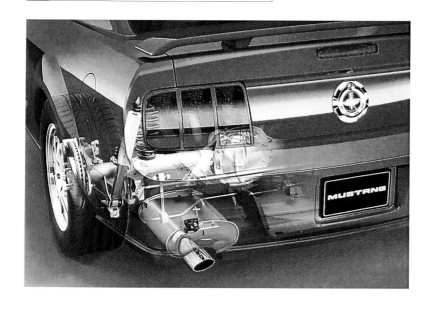

뒤에는 일체식 액슬을 사용했다. 코일 스프링 + 링크로 구성되는 경우, 로어 링크의 배치에 따라서는 차체가 롤링하면 휠베이스 변화가 일어나지만, 직진성을 확보하면서 롤인(roll in) 방향이 되는 위치에 배치되어 있다. 결국 그렇게 함으로써 견고하게 완성된, 느긋한 승차감을 만끽할 수 있다. 청춘시대에 「좋았던 옛날의 아메리카」를 체험하고, 슬슬 은퇴를 맞이하는 베이비 부머 세대에게, V8엔진과 일체식 차축이 자아내는 「머스탱으로의 드라이브」 맛은, 인생의 종착역을 향해가며 다시 한 번 맛보고 싶음을 충족해주는데 걸맞게 완성되었다.

게 달릴 수 있기 위한 현가」이었다. 앞차축에는 별로 특별한 것이 없는 스트럿이다. 그러나 자세히 관찰해 보면, 하이 캐스터 및 쇼트 트레일의 구성, 로어 암의 피봇 위치가 허브 측과 차체 측에 거의 수평으로 설정되어 트레드 변화를 최소한으로 억제하고 있는 점, 더 나아가서 정말로 강성감이 넘치는 안티 롤 바의 설정 등등, 직진성을 확보하기에 매우 알맞은 구조라는 것을 이해할 수 있다. 뒤차축은 코일 스프링 + 4링크로 구성되는 일체식으로, 그 자체가 감쇠효과를 갖고 있는 판 스프링(Leaf Spring)과 비교하면 각종 동작의 억제 면에서 약간 불리하기는 하다. 그러나 디퍼렌셜 기어의 와인드업 모션(차체와 차축을 잇는 어퍼 링크와, 로어 링크의 길이의 차이에 따라 생기는, 디퍼렌셜 기어가 회전방향으로 솟아오르려고 하는 움직임)은, 약간 뒤쪽이

기울어지게 한 댐퍼의 장착에 의하여 억제되고 있다. 차체 바운스(Bounce) 시에 생기는 링크 모션에 의한 타이어의 옆차기도, 거의 신경이 쓰이지 않는 수준이다. 가령 Stock Car(세단과 생산 라인이 비슷한 경주용 자동차지만, 더 높은 견고성과 성능 그리고 내구성을 위해 부품을 개조하거나 다시 만들다시피 한 차량이다. 레이스용 스톡 카는 특정 생산 회사의 승용차 모델을 기본으로 하지만, 그 자동차의 이름과 외관상 모습만 비슷하게 만들 따름이다) 레이스용 섀시의 뒤 현가장치에서 조차 선택하고 있듯이, 미국인은 오랜 세월에 걸쳐서 지속적으로 함께 해온 일체식 액슬의 취급에 숙달되어 있다. 그러므로 목적에 적합한 구성은 어떠한 것일까? 그에 따라 무엇이 일어나고, 그 단점을 억누르기 위해서는 어떻게 하면 좋을 것인가? 에 대한, 풍부한 노하우를 갖고 있다. 아메리

카 자동차가 일체식 액슬을 사용하는 것은, 그것이 그들에게 있어서 「사용하기에 익숙해져 있어서, 손바닥 안에서 자유자재로 다룰 수 있는, 간단하고도 터프한 도구」이기 때문인 것이다. 머스탱의 현가장치도 세심하게 움직임을 관찰해보면, 일체식 액슬의 한계를 느끼게 하는 점이 없다고는 말할 수 없다. 그러나 그것이 신경 쓰인다거나, 자동차에 대한 신뢰감을 손상시키는 것 같은 일은 전혀 없다. 「그래, 일체식 액슬은 이런 것이야」라고 생각하면서, 느긋한 주행의 리듬에 몸을 맡기며 운전을 계속하는 상쾌한 기분이 그것에 우선한다. 그런 '맛'을 갖고 있지 못하면, 미국의 하이웨이를 장시간, 끝없이 계속해서 운전할 엄두가 나지 않는다. 아마도 개발진의 목적도 거기에 있을 것이고, 그 예상대로의 마무리를 감당할 수 있는 현가장치라고 평가할 수 있다.

단순하기 그지없는 스트럿이지만 세부적인 배치는 확고하게 고려된 것이다. 로어 암과 타이 로드가 거의 동일 평면 위에 있고, 정지 상태에서는 노면에 대해서 거의 수평으로 되어 있다. 그리고 위에서 봤을 때, 로어 암은 다소 앞으로 기운 경사각을 갖도록 배치되어 있지만, 타이 로드와의 관계는 평행을 유지하고 있으며 링크의 배치에서 판단해 보아도, 상/하 진동 시의 토 간섭은 최소한으로 억제되어 있다. 전체적으로는 상/하 진동이나 조향에 따라 생기는 타이어 변형 등의 요소는 생기자 마자 되돌려버리고, 롤링 방향은 굵은 안티 롤 바로 억눌러 버린다는 발상에 의거하고 있는 듯 보인다.

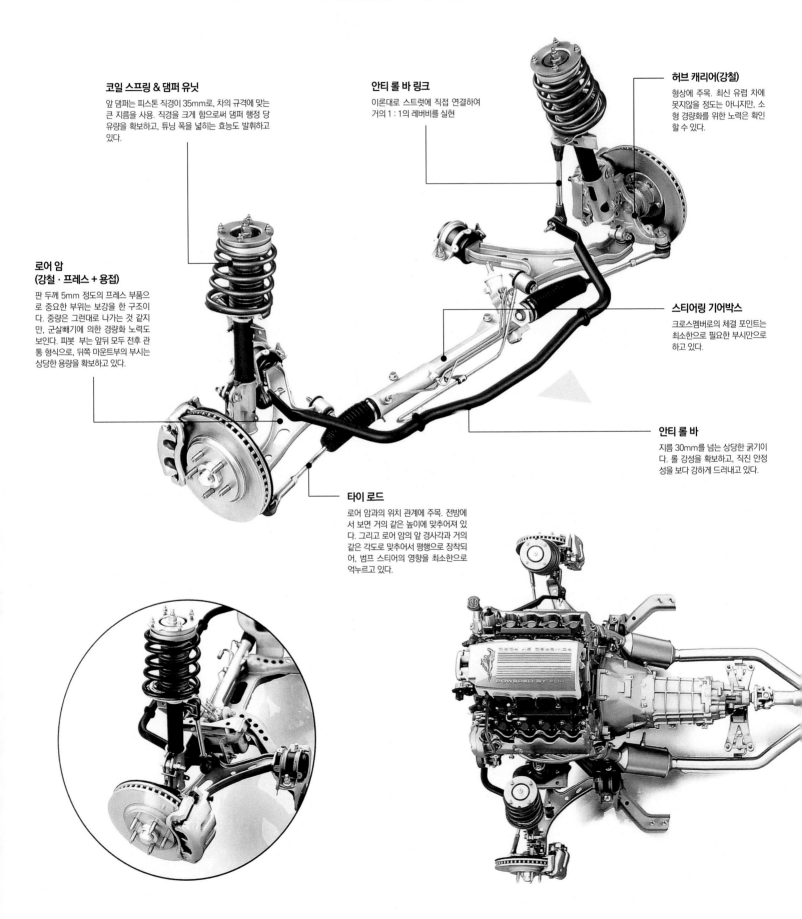

코일 스프링 & 댐퍼 유닛
앞 댐퍼는 피스톤 직경이 35mm로, 차의 규격에 맞는 큰 지름을 사용. 직경을 크게 함으로써 댐퍼 행정 당 유량을 확보하고, 튜닝 폭을 넓히는 효능도 발휘하고 있다.

안티 롤 바 링크
이론대로 스트럿에 직접 연결하여 거의 1 : 1의 레버비를 실현

허브 캐리어(강철)
형상에 주목. 최신 유럽 차에 못지않을 정도는 아니지만, 소형 경량화를 위한 노력은 확인할 수 있다.

로어 암
(강철 · 프레스 + 용접)
판 두께 5mm 정도의 프레스 부품으로 중요한 부위는 보강을 한 구조이다. 중량은 그런대로 나가는 것 같지만, 군살빼기에 의한 경량화 노력도 보인다. 피봇 부는 앞뒤 모두 전후 관통 형식으로, 뒤쪽 마운트부의 부시는 상당한 용량을 확보하고 있다.

스티어링 기어박스
크로스멤버로의 체결 포인트는 최소한으로 필요한 부시만으로 하고 있다.

안티 롤 바
지름 30mm를 넘는 상당한 굵기이다. 롤 강성을 확보하고, 직진 안정성을 보다 강하게 드러내고 있다.

타이 로드
로어 암과의 위치 관계에 주목. 전방에서 보면 거의 같은 높이에 맞추어져 있다. 그리고 로어 암의 앞 경사각과 거의 같은 각도로 맞추어서 평행으로 장착되어, 범프 스티어의 영향을 최소한으로 억누르고 있다.

4 링크 일체식 액슬 (4 Link Rigid Axle)

뒤 현가장치에 일체식 액슬을 사용하는 경우, 차체와 차축을 어떻게 고정시킬지가 설계상의 핵심요소이다. 이 부분의 접합 방법에 따라, 여러 가지 동작의 기본과 대처법이 결정되기 때문이다. 특히 래터럴 링크의 링크 동작(타이어가 기운 방향으로의 동작), 트랙션 방향의 링크 배치 등이 승차감, 안정성의 열쇠가 된다. 이번에 시승한 차량은, 바운스(bounce)할 때의 옆차기 거동이 약했지만, 그 이유의 하나는 BF Goodrich의 전천후 사계절 타이어(All Season Tire)를 장착하고 있었던 영향이라고 추측할 수 있다.

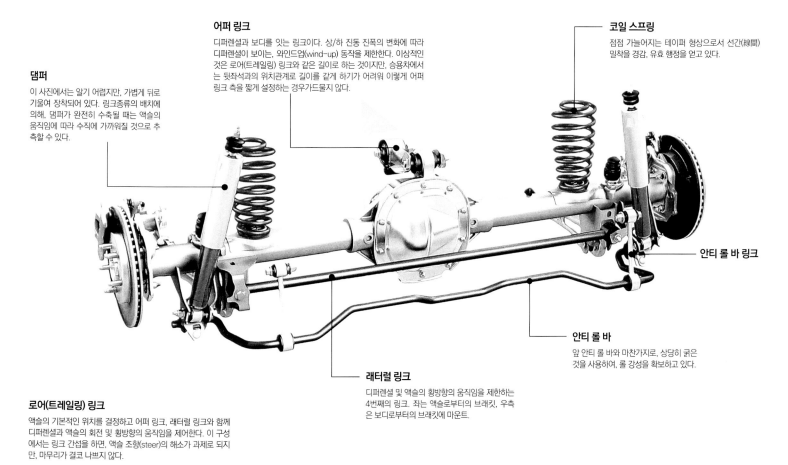

어퍼 링크
디퍼렌셜과 보디를 잇는 링크이다. 상/하 진동 진폭의 변화에 따라 디퍼렌셜이 보이는, 와인드업(wind-up) 동작을 제한한다. 이상적인 것은 로어(트레일링) 링크와 같은 길이로 하는 것이지만, 승용차에서는 뒷좌석과의 위치관계로 길이를 같게 하기가 어려워 이렇게 어퍼 링크 측을 짧게 설정하는 경우가드물지 않다.

코일 스프링
점점 가늘어지는 테이퍼 형상으로서 선간(線間) 밀착을 경감, 유효 행정을 얻고 있다.

댐퍼
이 사진에서는 알기 어렵지만, 가볍게 뒤로 기울여 장착되어 있다. 링크종류의 배치에 의해, 댐퍼가 완전히 수축될 때는 액슬의 움직임에 따라 수직에 가까워질 것으로 추측할 수 있다.

안티 롤 바 링크

안티 롤 바
앞 안티 롤 바와 마찬가지로, 상당히 굵은 것을 사용하여, 롤 강성을 확보하고 있다.

래터럴 링크
디퍼렌셜 및 액슬의 횡방향의 움직임을 제한하는 4번째의 링크. 좌는 액슬로부터의 브래킷, 우측은 보디로부터의 브래킷에 마운트.

로어(트레일링) 링크
액슬의 기본적인 위치를 결정하고 어퍼 링크, 래터럴 링크와 함께 디퍼렌셜과 액슬의 회전 및 횡방향의 움직임을 제어한다. 이 구성에서는 링크 간섭을 하면, 액슬 조향(steer)의 해소가 과제로 되지만, 마무리가 결코 나쁘지 않다.

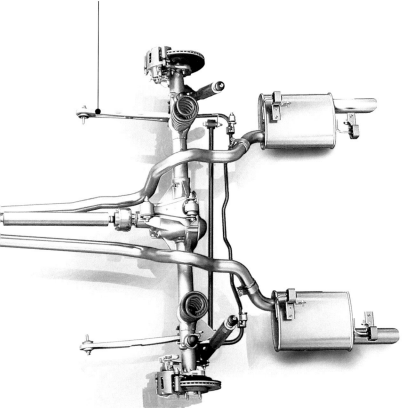

BMW 1 series / 3 series(E8x / E9x)

FRONT : MacPherson Strut / **REAR** : Multi Link

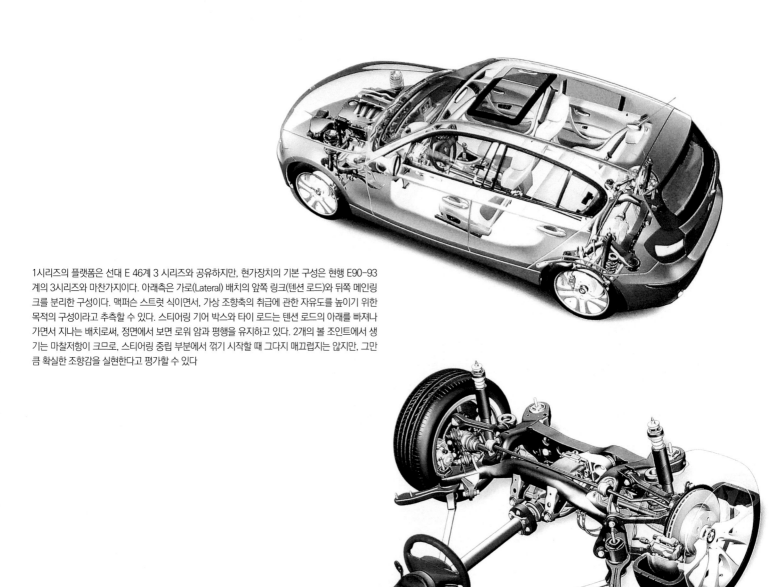

1시리즈의 플랫폼은 선대 E 46계 3 시리즈와 공유하지만, 현가장치의 기본 구성은 현행 E90-93 계의 3시리즈와 마찬가지이다. 아래측은 가로(Lateral) 배치의 앞쪽 링크(텐션 로드)와 뒤쪽 메인링 크를 분리한 구성이다. 맥퍼슨 스트럿 식이면서, 가상 조향축의 취급에 관한 자유도를 높이기 위한 목적의 구성이라고 추측할 수 있다. 스티어링 기어 박스와 타이 로드는 텐션 로드의 아래를 빠져나 가면서 지나는 배치로써, 정면에서 보면 로워 암과 평행을 유지하고 있다. 2개의 볼 조인트에서 생 기는 마찰저항이 크므로, 스티어링 중립 부분에서 꺾기 시작할 때 그다지 매끄럽지는 않지만, 그만 큼 확실한 조향감을 실현한다고 평가할 수 있다

뒤 현가장치도 기본구성은 E46계 3 시리즈에서 계승한 다. 바닥 아래에 수납되도록 낮게 설계되어 있어, 댐퍼만 이 돌출하고 있다는 인상이 강하다. 각 링크는 모두 양단 을 한 점에 고정시키는, 문자 그대로의 멀티링크 구성이 다. 코일 스프링과 댐퍼의 마운트 위치에 주목하자. 타이 어의 중심에서 오프셋했을 때 하중을 받고, 중력가속도 $1g(=9.8m/s^2)$ 위치에서는 각 부시가 최대한 휘었을 때 멈춘다. 주행 중에는 항상 부시의 복귀 → 휨 사이를 왕 복하기 때문에, 그 영향으로 승차감은 약간 느슨한 경향 을 보이지만, 입력의 타이밍에 따라서는 갑작스런 단단 함도 내비친다.

BMW 7Series(F01 / F02)

FRONT : Double Wishbone / **REAR** : Multi Link

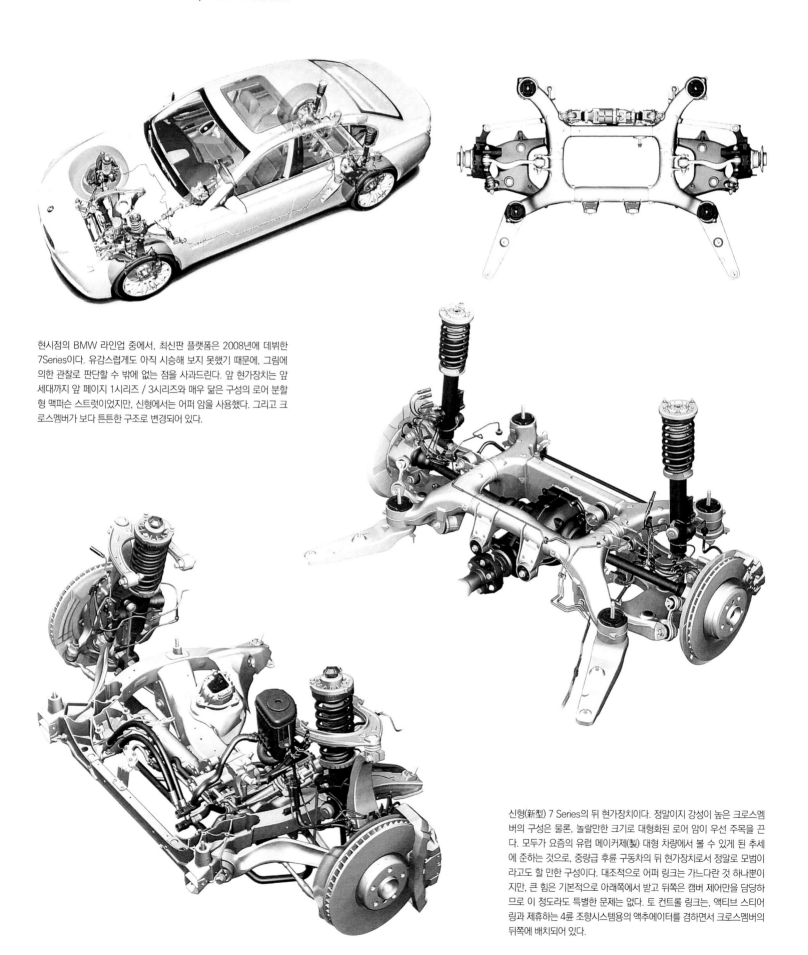

현시점의 BMW 라인업 중에서, 최신판 플랫폼은 2008년에 데뷔한 7Series이다. 유감스럽게도 아직 시승해 보지 못했기 때문에, 그림에 의한 관찰로 판단할 수 밖에 없는 점을 사과드린다. 앞 현가장치는 앞 세대까지 앞 페이지 1시리즈 / 3시리즈와 매우 닮은 구성의 로어 분할형 맥퍼슨 스트럿이었지만, 신형에서는 어퍼 암을 사용했다. 그리고 크로스멤버가 보다 튼튼한 구조로 변경되어 있다.

신형(新型) 7 Series의 뒤 현가장치이다. 정말이지 강성이 높은 크로스멤버의 구성은 물론, 놀랄만한 크기로 대형화된 로어 암이 우선 주목을 끈다. 모두가 요즘의 유럽 메이커제(製) 대형 차량에서 볼 수 있게 된 추세에 준하는 것으로, 중량급 후륜 구동차의 뒤 현가장치로서 정말로 모범이라고도 할 만한 구성이다. 대조적으로 어퍼 링크는 가느다란 것 하나뿐이지만, 큰 힘은 기본적으로 아래쪽에서 받고 뒤쪽은 캠버 제어만을 담당하므로 이 정도라도 특별한 문제는 없다. 토 컨트롤 링크는, 액티브 스티어링과 제휴하는 4륜 조향시스템용의 액추에이터를 겸하면서 크로스멤버의 뒤쪽에 배치되어 있다.

▶ Chevrolet Corvette

FRONT : Double Wishbone / **REAR** : Double Wishbone

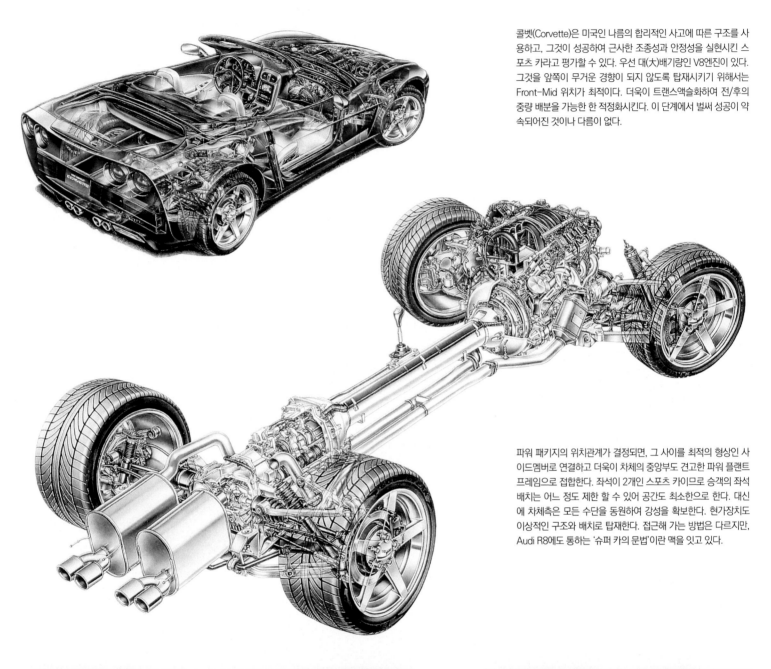

콜벳(Corvette)은 미국인 나름의 합리적인 사고에 따른 구조를 사용하고, 그것이 성공하여 근사한 조종성과 안정성을 실현시킨 스포츠 카라고 평가할 수 있다. 우선 대(大)배기량인 V8엔진이 있다. 그것을 앞쪽이 무거운 경향이 되지 않도록 탑재시키기 위해서는 Front-Mid 위치가 최적이다. 더욱이 트랜스액슬화하여 전/후의 중량 배분을 가능한 한 적정화시킨다. 이 단계에서 벌써 성공이 약속되어진 것이나 다름이 없다.

파워 패키지의 위치관계가 결정되면, 그 사이를 최적의 형상인 사이드멤버로 연결하고 더욱이 차체의 중앙부도 견고한 파워 플랜트 프레임으로 접합한다. 좌석이 2개인 스포츠 카이므로 승객의 좌석 배치는 어느 정도 제한 할 수 있어 공간도 최소한으로 한다. 대신에 차체측은 모든 수단을 동원하여 강성을 확보한다. 현가장치도 이상적인 구조와 배치로 탑재한다. 접근해 가는 방법은 다르지만, Audi R8에도 통하는 '슈퍼 카의 문법'이란 맥을 잇고 있다.

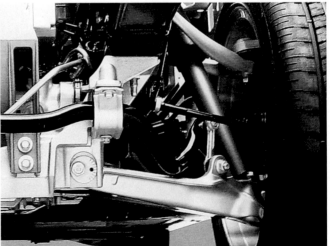

Lexus LS 460

FRONT : Multi Link / **REAR** : Multi Link

위, 아래 모두 앞/뒤를 분할한, 문자 그대로의 멀티링크 구성이다. 위쪽은 에어스프링용 백을 피하기 위하여 크게 만곡한 형상으로 되어 있다. 아래쪽은 가로 배치의 텐션로드(Tension Rod)와 차체 중심선을 향해 거의 수직으로 배치한 메인 링크로 구성했다. 전체적으로는 유행을 따른 구성이며 주요부품의 재질을 알루미늄으로 하여 스프링 아래 질량의 경감에 노력하고도 있지만, 각부의 크기 및 강성의 추구에 조금 더 여유가 있었으면 하는 느낌이다.

뒤 현가장치도 전부 링크로 구성된 「멀티 링크」식이다. 우물정자형 크로스멤버의 높이 범위에서 주요 부품종류를 잘 수납시켜, 전체를 낮게 배치하여 차 실내 공간을 확보하는 등, 역시 요즘의 유행을 따른 구성을 사용하고 있다. 그러나 앞 현가장치와 마찬가지로, 크기 및 제조측면에서 약간 빈약하다는 인상을 주는 것은 부정할 수 없다. 현재의 상황에서는 「필요 충분한」 수준이라 할지라도, 고급차에서 요구되는 주행의 맛인 '여유' 를 연출하는 것은 어려울 것 같다.

Porsche Carrera GT

FRONT : Double Wishbone / **REAR** : Double Wishbone

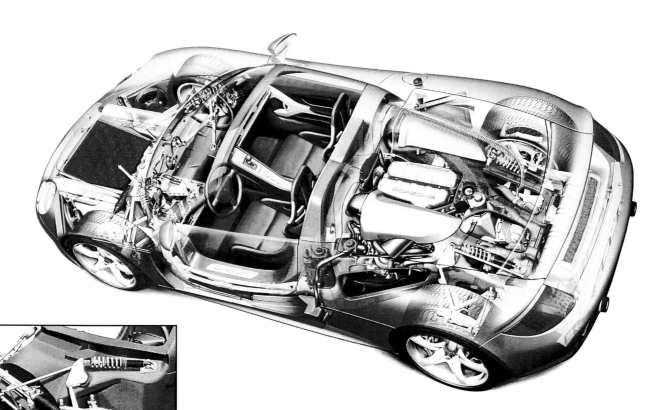

레이싱 머신(Racing Machine)으로서 기획되었던 것이, 제어시스템 변경 등의 영향으로 로드 카로 전용(轉用)되었다는 이력을 가지고 있다. 섀시는 카본 파이버제 욕조형 캐빈에, 상하 2피스 구조의 서브프레임을 연결한 독특한 구조를 사용하고 있다. 모두 카본제(製)이므로 차의 중량이 1380kg으로 억제되고, 또 5.7리터의 V형 10기통 엔진도 단품으로 약 200kg이라고 하므로, 동력성능 면에서는 상당한 선에 도달하고 있을 것이다. 현가장치의 구성은 앞뒤 모두 부시로드로 내측(Inboard)에 장착한 스프링과 댐퍼를 작동시키는 더블 위시본식으로, 이것도 레이싱 머신 그 자체이다.

쿠니마사 히사오(國政久郎) ⊗ 마키노 시게오(牧野茂雄)

대담

"동역학적 품질"을 결정하는 것은 Body 이다.

책 머리말에서도 기술한 것처럼 쿠니마사 씨의 결론은 「현가장치는 차체 나름」이라는 것이다.
차체(Body) 강성이야말로 자동차의 '동역학적 품질'을 결정하는 유일한 것이자 최대 요소이다.
그러면, 그 효능은 어떠한 곳에서 어떤 모양으로 나타날까?

사진 : 마키노 시게오(牧野茂雄) / IDEA / MFi

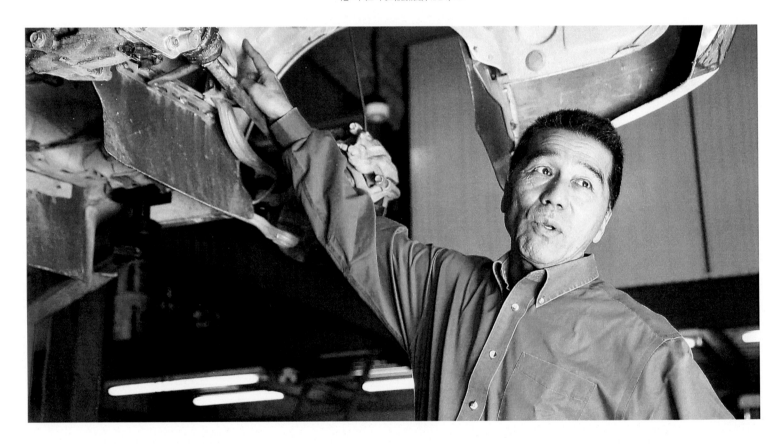

편집부 : 우선, 독자 여러분께 대담의 취지를 설명하게 해 주십시오. 이 책은 모터 팬 · 일러스트레이티드 질의 연재기사 「현가장치 · 워칭」의 내용을 중심으로 재구성한 것입니다. 2008년 1월의 연재 개시로부터 현재에 이르기까지, 쿠니마사 씨에게는 여러 자동차를 보고, 시승하시도록 해왔습니다만, 그간 담당 편집자도 「현가장치」라는 것은 보디까지 포함한 기구라는 것을 실감할 기회가 많이 있었습니다. 그래서 이번에, 자동차 보디와 관련해서 조예가 깊은 마키노 씨와 쿠니마사 씨께, 보디와 현가장치를 소재로 한 대담을 부탁드렸습니다.

쿠니마사 : 갑자기 결론 같은 이야기가 되고 말지만, 자동차가 움직이는 사이에 일어나고 있는 다양한 현상과 그에 따라 인간이 받는 인상에 대해서는, 「보디가 전부」라고 해도 과언이 아닐 것입니다. 운전자가 자동차를 타고 달리는 동안, 자동차는 항상 흔들리고 있어서 그 움직임이 신체로 전해져 옵니다. 순차적으로 생각해볼까요. 우선 도어를 열고 차내로 들어와 시트에 앉아 도어를 닫으면, 그 순간 조금이지만 차체는 흔들립니다. 엔진을 시동시키면, 그 진동에 의하여 역시 차체가 계속 흔들립니다. 이 사이, 자동차 자체는 1cm도 움직이지 않았기 때문에, 내부에서 움직이고 있는 것의 영향에 의한 흔들림만이 일어나고 있는 상태이며, 노면에서의 영향은 전혀 받고 있지 않습니다. 즉, 「현가장치」라 불리는 부분 중, 작용하고 있는 것은 타이어의 스프링 특성과 부시나 마운트 종류 뿐인 상태이지만, 그것만으로도 차종에 따라서 받는 인상은 상당히 다릅니다. 달리기 시작해서, 천천

히, 똑바로 달리고 있는 중이라도, 타이어는 항상 노면의 요철을 지속적으로 타고 넘으며, 그 상하 움직임이 타이어와 현가장치를 통해 차체로 들어옵니다. 바꿔서 말하면, 노면이 그 형상에 따라 차륜을 들어 올리거나, 혹은 반대로 내려가게 하는 움직임이 생겨나며, 그 움직임이 차륜과 링크 기구로 접속되어 있는 차체를 같은 방향으로 움직이게 하려고 합니다. 이 링크 기구가 현가장치라고 불리는 것입니다. 근본적인 기능은 링크밖에 없습니다. 즉 힘의 작용 · 반작용의 관계는 노면과 차체 사이에서 일어나고 있는 것입니다. 이렇게 생각하면, 왜 차체 = 보디가 전부인 것일까를 이해할 수 있다고 생각합니다.

마키노 : 편의상 「노면으로부터의 힘」이라고 부르지만 그것을 받는 것은 어디까지나 보디이기 때문에, 그 강

성·물체의 변형하기 어려운 성질에 의하여, 움직임 자체가 변하게 되는 것은 당연한 일이지요.

쿠니마사 : 그리고 당연히, 노면의 형상에 의한 영향뿐만 아니라, 제동을 한다거나, 커브를 돈다거나 하는 조작에 따라서도 차체 측, 「지붕과 뼈대만 있는 가건물」이라고 하면 상상하기 쉬울지도 모르지만, 그것이 움직이려고 하는 힘은 링크 기구인 현가장치를 통하여 노면측이 받아내게 되지만, 그 반력은 역시 차체측이 받아내게 됩니다. 이런 일련의 힘의 주고받음에 의하여 생기는 차체의 움직이는 형태, 흔들리는 형태에서 인간이 감지하는 사상(事象)에는 실로 많은 정보가 포함되어 있습니다. 우리들은 그 정보에 포함되어 있는 내용에 의하여 차량 운동의 질적, 양적 경향을 판단하고 있으며 이것을 「동역학적 품질」이라는 말로 부르고 있습니다. 자동차의 조종성에 관련해서 수많은 단어가 있지만, 이 「동역학적 품질」은 그 중에서 거의 최상위에 위치합니다. 독자 여러분은, 이 개념을 우선, 자동차의 주행을 생각하며, 이해하는 것이 대전제라고 생각하길 바랍니다.

보디 강성은 높으면 높을수록 좋다.

마키노 : 자동차 관련 업계에서는 꽤 오래전부터 보디 강성이 주행 성능에 미치는 영향의 정도를 인식하여 왔으며, 1990년대에 들어와서부터 특입니다만 일본 메이커들도 신형차를 발표할 때마다 「보디 강성을 앞 세대 대비 몇 % 향상시켰습니다」라고 공식적으로 발표하는 일이 증가해 왔습니다. 그 향상 폭도 상당한 수준입니다. 만약 한 번의 FMC(Full Model Change)로 보디 강성이 50% 향상되었다면, 2세대 모델에서는 1세대 대비 150%, 3세대에서는 225%의 강성을 얻게 되지만 실제로 그 신형차에 타보면, 보디가 견고하다는 것을 실감할 수 있는 경우는 그렇게 많지는 않습니다. 이것은 왜 그럴까요?

쿠니마사 : 우선 유의해 둬야 할 점은, 한마디로 「보디 강성」이라고 해도, 그 단어가 무엇을 가리키고 있는 지는 '가지각색이다' 라는 점입니다. 전체 강성인지 국부 강성인지, 구부림 강성인지 비틀림 강성인지. 그리고 각각의 요소가 주행의 어떤 상태에 대해서 어떠한 영향을 주고 있는지. 사실은 알지 못하고 있는 쪽이 더 많을 정도입니다. 또 하나의 요소는, 강성은 절대 값이 아니라, 중량과의 관계에서 상대적으로 평가하지 않으면 안 된다는 점입니다. A와 B라는 2대의 자동차가 있어서, 만일 어느 쪽도 보디 강성이 「100」이라는 값이라고 가정합니다. 그리고 A는 중량 600Kg, B는 1200Kg이었다고 한다면, B는 A의 반 정도의 강성 밖에 갖고 있지 않는 것이 됩니다.

마키노 : 정말 그렇군요…… 확실히 절대적인 강성 값은 향상하고 있겠지만, 요즘의 충돌 안전 기준 대응을 위한 보디 사이즈 확대와 그에 따른 차량 중량의 증가로, '상대적인 보디 강성은 발표한 만큼 높아져있지 않다' 는 것이군요. 「출력 / 중량비」가 아니고, 「보디 강성 / 중량비」와 같은 지표가 필요할 지도 모르겠습니다.

전일본 Dirt trial 선수권용으로 쿠니마사씨가 만든 머신이다. [사진 성] 본격 참전을 개시했던 당시의 KP61형 Starlet(스타렛). 베이스 차량으로서는 앞 모델인 KP47에서 보디강성이 저하한 인상이 있었다고 한다. 주로 경량화에 주안점을 두고 개발을 진행하였다. [사진 중] AW11형 MR2에서는, 보디 후반부를 완전히 다른 것으로 바꿔 만들 정도로 손을 댔다. 그런 보람이 있어서 시리즈 종합우승을 달성한다. [사진 하] ST165형 Celica(셀리카)는 쇼트 휠 베이스화를 단행하고, 터보에 의한 고출력을 4WD로 노면에 효과적으로 전달하는, 새로운 주행의 세계를 개척하였다.

「보디 강성은, 차량 중량과의 상관관계에서 생각하지 않으면 안 된다」

쿠니마사 : 보디 강성에 대해서도 한 가지 더 말해두 고 싶은 것은, 개인적인 결론이지만, 강성이 높으면 높을수록 자동차의 동역학적 품질은 향상된다는 점입니다. 물론 필요충분의 경계가 되는 값이 있고, 그곳에서부터 앞은 향상 폭이 포화해 가기 때문에, 「쓸데없는 강성」이라고 말할 수도 있지만, 「보디는 너무 단단해서도 안 된다」라고 하는 견해에는 전혀 찬성할 수 없습니다. 이야기를 진행하는 중에, 여러 가지 구체적인 예를 들더라도, 충돌 안전성능은 또 다른 이야기로서, 원래 필요충분한 수준의 강성에 도달하고 있다고 판단할 수 있는 보디는 드물기 때문에, 아직 「너무 단단하다」 따위의 이야기가 나올 수 준은 아니라고 생각합니다.

마키노 : 그 주변은 조금 표현이 어려운 이야기이기도 하다고 생각합니다. 강판 메이커 등을 취재해 보면, 일본의 자동차 메이커가 요구하는 보디용 강판은 얇고, 가볍고, 도료가 양호하게 잘 부착되고……로, 매우 이상적인 사양이지만 그럼, 그 강판을 사용하여 조립한 보디의 강성, 혹은 강성 '감'이 걸맞게 높을까라고 한다면, 반드시 그런 것만은 아닙니다. 오히려, 두껍게 하지 않으면 요구를 충족시킬 수 없는 해외 메이커 제의 강판으로 조립된 보디가 높은 강성감을 보이는 일도 많습니다. 일본 차 중에도, 해외의 공장에서 생산한 것을 수입하여 판매하는 차종이 있는데, 종종 그쪽의 평가가 높은 경향에 있는 것도 재미있는 점입니다. 같은 설계도로, 같은 요구를 충족시키는 소재를 사용하고 있을 보디임에도 불구하고, 강성감은 달라집니다. 물론 주행의 맛도 다릅니다. 보디라고 하는 것은 불가사의한 것이라고 절실하게 생각합니다.

쿠니마사 : 현가장치의 셋업 작업을 통해서 보니, 그런 종류의 경험은 얼마든지 있지요. 언젠가 해외 메이커로부터 knock-down 생산 예정인 어떤 차종의 현가장치를, 생산 예정지의 도로 사정에 적합하게 해달라는 의뢰를 받고, 셋업 작업을 실시하고 나서 일단 귀국하였습니다. 한참 뒤에 최종 체크를 위하여 다시 현지로 날아가 테스트를 해 보니, 지난번과는 자동차의 움직임이 완전히 달랐습니다. 현가장치의 사양을 확인해 보더라도, 정확히 지난번에 결정했던 대로의 사양이었습니다. 이것 참 이상하다고 생각하고, 여러 가지를 조사해보니, 지난번에 테스트했던 자동차는 일본에서 보내온 보디이고, 이번에는 현지(녹다운 생산국)에서 생산했던 차라는 것을 알게 되었습니다. 물론, 강판의 사양이나 생산 설비 등에 조금 차이는 있다고는 하여도, 같은 도면을 기본으로, 같은 사양을 목표로 하여 만들었던 것이거늘, 같은 현가장치를 조립하더라도 완전히 다른 움직임으로 되고 맙니다. 이 일 한 가지를 보더라도, 역시 보디가 전부를 결정한다는 것을 이해할 수 있지요.

자동차의 화이트 보디(white body)는 사실은 「물렁물렁」하다.

편집부 : 오리지널 박스에서는, 수많은 경주용 차량을 만들어 오셨지요. 그 경험에서, 보디의 중요성을 실감하였던 일은?

쿠니마사 : 일반 운전자가 보디 강성에 대해서 인식하기 어려운 이유의 하나로서, 「보디는 금속으로 되어 있기 때문에 견고하고 단단하다」라는 확신입니다. 그런데 사실은 보디라는 것은, 연하고 물렁물렁한 것이지요. 경주용 차량을 제작할 때, 일단 화이트 보디 상태로 되돌리는 것에서부터 시작되지만, 그 상태에서 보디를 만져보면 이해할 수 있습니다. 요컨대 두께 1mm정도의 철판이잖아요. 물론 보디는 구조재이고, 손으로 눌러 직접적으로 표면에 작용하는 힘과, 주행 중에 걸리는 힘을 같이 생각해서는 안 되겠지만, 그래도 실제의 보디가 어떠한 것인지, 만져서 확인하는 것만으로도, 충분히 인식이 바뀌겠지요.

마키노 : 완성차의 보디에 관해서는, 앞뒤의 창에 유리를 접착함으로써 강성이 큰 폭으로 높아지고 있다는 것도 잊어서는 안 되는 점이지요. 메이커의 공장을 견학할 때에. 유리가 장착되지 않은 상태의 보디를 보고, 만져 볼 기회가 있었지만, 확실히 그런 경험을 한다면, 보디 강성에 대한 인식은 크게 변할 것이라고생각합니다.

쿠니마사 : 경주용 차량의 이야기로 말하면, 보디 내부에 강관제의 롤 케이지(Roll Over Bar)를 의무적으로 설치하도록 정해져 있지요. 좌우로 전복될 때 등에 차 실내 공간을 지탱하여, 운전자를 보호하는 것이 일차적인 목적이지만, 사실은 강관을 보디의 중요 부위에 용접함으로써, 소위 모노코크 보디에 스페이스 프레임 구조를 겸비시켜서, 보디 강성을 높이는 것도, 롤 케이지의 목적인 것이지요. 오히려 강성 향상이 더 중요한 목적이라고 말해도 좋을 것입니다.

마키노 : 롤 케이지의 소재나 구성에 따라서, 조종성에 영향을 끼치거나 한 적은 있나요?

쿠니마사 : 당연합니다. 본격적인 경주용 차량에서는, 부품 하나마다 강관으로부터 만들어 장착해나가게 되지만, 담당하는 사람의 경험과 센스에 따라서, 완성된 보디의 주행에 차이가 생긴다는 것은 상식으로 되어있고요, 케이지의 재질이 보통의 강관인지 크롬몰리브덴강인지에 따라서, 특성 차이가 생기는 경우도 주지의 사실이지요.

마키노 : 쿠니마사씨 자신도, 그 동안 수많은 독특한 자동차 제조를 실제로 해온 분으로 유명합니다. 일련의 경험에서도, 보디강성의 중요성을 인식하게 된 계기가 많이 있었던 것은 아닐까하고 상상합니다만, 그런 부분은 어떠하십니까?

쿠니마사 : 우선, 경주를 시작하여 얼마 되지 않았을 무렵에 지인으로부터 빌려서 탄 KP형 47 스타렛에서, 강력한 인상이 남는 경험을 했던 일이, 현가장치나 보디를 생각하기 시작한 원점이 되었지요. 일단, 대충 경주용 부품을 조립하기는 했지만, 특별히 고도의 튜닝을 실시한 것은 아니고, 지극히 보통의 경주용 차량이었는데 운전

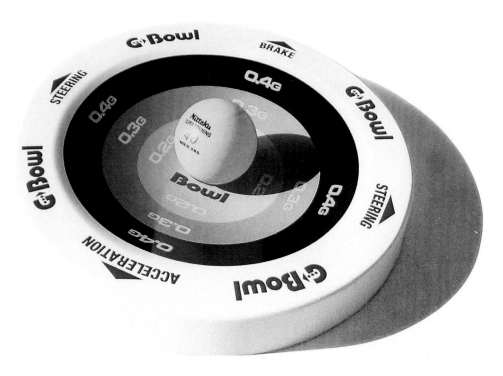

Original Box에서 만든 「GT 라이브 트레이닝 툴 G-BOWL」. 유럽의 레이싱 스쿨 등에서 사용되고 있다. 중력가속도 제어 트레이닝 「Ball in Bowl」용 도구이다. 세금 포함 8820엔에 판매 중.

마키노 : 그렇습니까. 그러나 구체적으로는 어떠한 곳의 강성의 차이가, 그 정도까지의 차이를 낳는 것일까요?

쿠니마사 : 한 가지 확실하게 말할 수 있는 것은, 댐퍼의 위 설치부에서 벌크헤드(Bulkhead) 주변의 강성이 중요하다는 점이지요. 큰 힘이 들어와서 그것을 받아내는 부분이므로 이곳의 강성이 부족한 상태로 움직이면, 댐퍼가 정확히 기능할 수 없습니다. 특히 최근에는 차량의 중량 증가에 대응하여 타이어 및 휠의 직경도 커지면서 그만큼 무거워져, 스프링 아래 질량이 늘어나고 있기 때문에 이 부분의 강성의 중요성이 점점 높아지고 있습니다. 그런데도, 실제로 자동차 제작 상태를 보면 그에 걸맞게 강화되고 있다고는 생각되지 않는 것이 대부분입니다.

마키노 : 시판차 수준에서도 그렇게 되는 점을 생각하면, 경주용 차량에서는 섀시 강성의 차이가 성능에 미치는 영향은 점점 커진다고 생각합니다만.

쿠니마사 : 그것은 이미, 명백합니다. F3000의 레이스 엔지니어를 하고 있을 당시에도, 여러 가지로 재미있는 경험을 했습니다. 예를들면 언젠가, '官生(SUGO)'에 테스트 주행을 하러 가보니, 웬일인지 전혀 기록(Time)이 나오지 않았습니다. 전 회까지의 셋팅 데이터를 확인해 가면서, 각부를 점검해 보아도, 아무 곳에도 문제는 없었고 운전자도 「모르겠네요……특별히 타기 어려운 것도 아니고, 나 스스로는 늦다고 느끼지 못했는데, 웬일인지 기록만이 나오지 않네요」라고만 합니다. 그 날은 그만두고, 공장에서 다시 각부를 점검했는데도 역시 어디

에도 문제는 없었습니다. 이렇게 되면, 이제 생각할 수 있는 원인은 모노코크(Monocoque) 보디 이외에는 있을 수 없다고 결론을 내리고 새로운 모노코크 보디를 입수하여 조립을 하고, 다시 'SUGO'에서 테스트를 해 보았습니다. 물론 셋업 은 전 회와 완전히 같게 하고서죠. 그랬더니, 깨끗이 전과 같은 수준의 기록이 나왔습니다 (웃음).

마키노 : 카본 모노코크 자동차에서도 그러한 일이 일어나는군요.

쿠니마사 : 이것도 오해하고 있는 사람이 많은 점이지요. 레이싱 머신의 카본 모노코크 보디는 확실히 매우 강인한 구조물이며 특정 방향에서의 힘에 대해서는 상당히 높은 강성을 갖고 있다는 점은 사실입니다. 그러나 실제로 주행하고 있는 도중에는, 항상 다양한 방향에서 동시에 큰 응력이 지속적으로 걸리고 있겠죠? 그러면, 내부에서 서서히 수지 층과 섬유 층의 박리가 일어나고, 어느 사이엔가 강성이 저하되어 있는 경우가 드물지 않습니다. 그리고 또 곤란한 점으로는 그 열화(劣化)는 알기가 매우 어렵습니다. 올해는 F1 브론 GP(Brawn GP)의 젠슨 버튼이 압도적으로 우월함을 자랑하고 있지만, 제7회 전 이후 서서히 속도가 떨어졌지요? 당초에 가지고 있던 공기 역학적인 면의 장점이 다른 팀에게 따라잡혔다는 견해가 일반적이지만, 조사해보니 그는 개막에서부터 쭉 같은 모노코크 보디를 사용하고 있었던 것이지요. 어쩌면 열화가 원인은 아닐까 하고 의심하고 있습니다 (웃음).

을 해보니 이것이 문자 그대로 마음대로 조종되면서, 과장이 아니라, 1cm 단위로 라인을 관리할 수 있다는 인상을 받았습니다. 더트 트라이얼(Dirt Trial) 대회에서 달려봤더니, 보다 더 배기량이 큰 풀 튠업 엔진을 장착한 자동차를 따돌리고 종합우승을 했고, 랠리에 나갔을 때에는 1분 간격으로 스타트하는 앞 차를 따라붙어 앞질러 버리고, 시간 조정이 필요해질 정도의 속도를 보였지요. 그 날, 나는 여느 때처럼 운전하고 있는데도 불구하고, 내비게이터를 하는 사람으로부터 「당신의 운전을 무섭다고 생각한 적이 없었는데, 오늘은 너무 빨라서 무섭다…」고 들었던 것이 특히 인상에 남아있었어요.

마키노 : 1분 차이를 좁힌다고 하는 것은 대단한 이야기이군요. 왜 그 정도로까지 빨랐던 것일까요?

쿠니마사 : 저로서도 여러 가지로 생각하며 조사해 보았지만 알 수가 없었습니다(웃음). 자동차로서는, 정말로 특별한 것은 아무 것도 하지 않은 상태였고, 오너와 함께 차량을 만든 곳에 가서 여러 가지를 물어보았지만, 담당자도 「그냥 보통으로 부품을 조립한 것으로, 특별한 것은 아무것도……」라는 대답 밖에는 듣지 못했지요. 만일, 여러 가지의 부품이 우연히 「잘 맞은 상황」이었다고 하더라도, 속도는 고사하고, 그 정도까지의 조종성, 운전 용이성의 실현으로 이어진다고 생각하기 어렵지요. 그러므로 막연하기는 하지만, 아무래도 이것은 현가장치와 보디의 마무리가 관계하고 있는 것은 아닐까, 하고 생각하기 시작한 계기가 되었지요. 결국에 저도 KP47을 사서 경주에 참가하게 되었습니다.

마키노 : KP47은 가벼웠지요, 조금 전의 「보디 강성 / 중량비」 면에서 보면, 당시로서는 상당히 좋은 편이었을지 모르겠군요. 그런 경험이 쿠니마사 씨의 경주 경력을 대표하는 차의 한 대였던 MR2(AW11형)로 이어진 것입니까?

쿠니마사 : KP47 다음으로 타고 있던 KP61 스타렛에서도, 경량화에 배려를 했지만, 이것은 그럭저럭 특별히 색다른 것은 하지 않았어요. 차체 자체에 본격적으로 손을 대기 시작한 것은 역시 MR2가 최초일 겁니다. 시험주행하는 단계로부터, 어쨌든 뒷부분의 강성이 부족해서, 주행이 안정되지 못한다는 점이 개선해야 할 점이라고 판명되어, 처음 1년간 가지각색으로 시도를 했습니다. 최종적으로 차체 뒷부분을 완전히 뜯어 고치고, 더블 위시본화 함으로써, 다시 마음대로 조정할 수 있는 자동차로 완성할 수가 있었지요. 당시부터 「이 자동차라면, 공중회전 이외에는 무엇이든지 할 수 있다」라고 호언장담을 하곤 했지요(웃음), 정말로 의도하는 대로, 조작하는 대로 반응을 해주는 자동차를 만들기 위해서는 보디와 현가장치의 강성이 얼마나 중요한 것인지를 통감시켜 준, 진짜 기억에 남는 자동차입니다.

마키노 : 그 다음으로 선택한 것이, Celica GT-Four (ST165형)이지요. 그 자동차는, 보디를 일단 한가운데에서 딱 절반으로 잘라, 휠베이스를 줄여서 용접했다고 했지요?

쿠니마사 : 그렇지요, 휠베이스를 250mm 단축했는데, 그 작업 과정에서 보디 강성을 높이기 위하여, 모든 수단과 방법을 다 동원했기 때문에 처음부터 강성 면에서는 전혀 문제가 없었어요. 덧붙이자면, 보디를 줄여서 경량화도 실현했으므로, 그런 의미에서도 상대적인 강성은 높아졌고 휠베이스 단축 자체만으로도 상대적 강성 향상 효과가 있는 것이지요. 엔진도 터보의 응답성을 철저히 추구하면서 튜닝을 진행하여 최종적으로 400ps 이상 나오고 있었지요. 이러한 면에서 보디 강성의 크기가 살아나, 4WD의 위력을 충분히 발휘할 수 있었으므로 타고 있으면 매우 즐거운 자동차로 완성할 수가 있었어요.

보디만 견고하다면
현가장치는 「적당한 정도」라도 좋다.

편집부 : 슬슬 정리하기로 하지요. 유럽차와 비교해서, 일본차는 보디 강성이 부족하다고, 오래 전부터 지적되어 왔습니다만, 이런 경향은 앞으로 달라질까요?

마키노 : 그것은 이제 오로지 사용자가 그것을 요구할지에 달렸습니다. 자주 「유럽은 고속으로 주행할 기회가 많으므로, 보디에 비용을 들이는 의의가 크다」고 말들하지만, 현재는 아우토반도 대부분의 구간이 제한속도 130km/h입니다. 즉, 실제로는, 일본의 주행조건과 큰 차이가 없기 때문에, 일본차만이 보디강성을 추구하지 않아도 된다는 이유는 없지요. 그러나 메이커에 따라서는, 반대로 ESC가 의무화된다면, 최종적인 파탄은 회피할 수 있으므로, ESC로 비용이 증가하는 만큼 이상으로 보디의 비용을 내릴 수 없을까……라고 생각하고

있는 분위기마저 느껴지는 것이 현실입니다.

쿠니마사 : 한마디로, 제작자의 의식에 달렸지요. 풀 모델체인지한 어떤 차에 시승했을 때에, 승차감이나 조종성, 안정성이 크게 향상되어 있어 감탄했지만, 조사를 해보니, 스프링이나 댐퍼의 셋업은, 거의 앞의 세대 그대로라고 해도 좋을 정도의 변경밖에 하지 않았더군요. 좀더 조사를 해 보니, 아무래도 신형의 주관자가 보디 강성 마니아로(웃음), 차체 구조 측으로 강성강화를 철저히 시켰던 듯합니다.

마키노 : 아아, 그 자동차이군요. 종래는 보강재의 대부분이 오픈 채널 구조였던 것을, 새로운 공법을 적극적으로 사용하여, 대부분을 클로즈드 채널화 했다고 합니다. 효과는 즉각 나타났지요.

쿠니마사 : 제 자신의 경험에서 말해보면, 보디만 견고하다면, 현가장치는 직구 승부(直球 勝負)의 셋업이 가능하고, 최소한의 공수(工數)로 OK 레벨까지 끌고 갈 수가 있지요. 바꿔 말하면, 「적당한 정도」의 셋업만으로도 충분한 주행성능을 실현시킬 수 있습니다. 반대로 보디가 좋지 않으면, 현가장치를 어떻게 셋업 하더라도 착실하게 달리는 자동차로는 완성할 수가 없습니다. 그러한 자동차는 가령 100km/h로 달리더라도, 장거리를 운전하고 있으면 피곤해지는 것을 막을 방법이 없어요.

마키노 : 고속도로 무료화가 실현된다면, 일본의 사용자의 평균 주행거리도 늘어나겠지요. 어쩌면, 그것이 일본차의 보디 강성을 향상시키는 계기가 될 지도 모르겠군요(웃음).

마키노 시게오(牧野茂雄)

1958년 동경 시타마치 출생. 일본대학 예술학부 졸업. 신문기자. 출판사 편집고문, 자동차잡지 편집장을 지내고 프리 저널리스트로 자동차잡지에서 경제지, 오디오지, 라디오, TV, 해외매체까지 폭넓게 활동을 하고 있다. 다수의 저서가 있음.

쿠니마사 히사오(國政久郎)

1949년 오카야마현 출생. 유소년기부터 자동차에 열중, 손으로 만든 비누박스 레이스 놀이에서도 큰 차이로 이기곤 했다. 자동차 딜러 등으로 메커닉(mechanic) 경험을 쌓았고, 1982년에 「현가장치 전문점」 주식회사 오리지널 박스를 가나가와현 요코하마시에 설립(나중에 아츠기 시로 이전). 해외 랠리, 국내 랠리 등 수십 전에 출전한 후, 일본 내 더트 트라이얼 선수권에 참전을 개시하여, 통산 200전 이상 출전해서 달렸다. 1984년, 1985년에는 종합우승을 거두었다. 광범위하면서 깊은 실체험에 의거한 기계, 기구에 대한 지견과 거기에서 이끌어낸 독자적인 차량 튜닝 방법, 그리고 사려 깊은 듯한 용모에서 「더트 트라이얼계의 소크라테스」라는 별명을 얻는다. 그리고 1989년부터는 일본 국내 그룹 C 및 F3000 선수권에서 레이스 엔지니어로도 일한다. 전(全)일본 더트 트라이얼 선수권에 대해서는, AT차로 우승을 마크했던 2002년을 마지막으로 일선에서 물러나지만, 그 후로도 「생각하고, 만들고, 탄다」는 자세는 건재하다. 「현가장치의 신」이라는 통칭이 확실히 정착한 현재는, 프리 테스트 드라이버로서 세계 각국의 자동차 메이커, 서플라이어로부터의 위탁 업무를 하면서 다양한 하루하루를 보내고 있다. 그리고 오리지널 박스가 내건 「슈퍼 노멀 콘셉트」에 의거한 각종 튜닝 부품 개발에도 여념이 없다. 이 책 어디엔가 소개되어 있으며, MFi 본지 Vol.12에서 소개되어 있는 포핏 밸브식 댐퍼도 쿠니마사 씨가 고안한 것이다.

오리지널 박스의 Web 사이트
http://www.originalbox.co.jp/
國政久郎의 블로그
http://blog.goo.ne.jp/suspensiondrive/

앞 현가장치에 대한 관점
(Viewpoint of **front suspension**)

4WD 차의 현가장치에서 요구되는 것은 매우 명쾌하다. 앞쪽에는 전륜 구동차의 앞 현가장치, 뒤쪽에는 후륜 구동차의 뒤 현가장치를 갖고서 조합하면 된다. 각각의 됨됨이가 양호하다면, 그것만으로 완성도가 높은 4WD차가 실현될 것이다. 다만, 독자적이고도 매우 중요한 요구도 있다. 4륜 모두가 항상, 확실히 접지하고 있지 않으면 안 된다는 것이다. 가령, FF는 코너링 중에 뒤쪽의 안쪽바퀴가 공중에 떠오르더라도, 특별히 문제는 생기지 않는다. FR이나 미드쉽이라면 앞쪽의 안쪽바퀴가 다소 떠올라도 괜찮다. 그러나 4WD차의 경우, 직결 4WD 이외에는, 하나의 바퀴라도 접지하지 않으면 그곳에서 토크가 노면에 전달되지 않고, 조종성, 안정성에 커다란 악영향을 끼친다. 조금 극단적인 예를 든다면, 4륜 토크 · 벡터링 시스템을 사용하는 Lancer Evolution X의 바퀴 하나가 코너링 중에 공중에 떠버리면, 어떤 일이 일어날지 상상해보면 된다. 4WD에서는 구동력을, 밟고 누른 4륜의 접지 설정 즉 4륜 각각의 행정 분배(롤 강성의 배분)가, 현가장치 셋팅의 중요한 목표가 된다. 그리고 요즈음의 고급 4WD 시스템에서는, ESC(옆 미끄럼 방지장치)와의 협조도 정성들여 만들어 장착되고 있다. 거기로부터 타이어의 직경을 크게 바꾸거나 차고를 낮추는 등, 드레스-업(dress-up)에 의한 조종성, 안정성으로의 악영향은, FF나 FR에 비할 바 없이 커진다는 것을 기억해두길 바란다.

AUDI Q5

뒤 현가장치에 대한 관점
(Viewpoint of **rear suspension**)

여기서는 「4륜 구동차」를 일괄적으로 취급하고 있지만, 그것이 성립되기 위해서는 몇 가지의 방향성이 있다는 점을 여러분도 잘 알고 계실 것이다. 당연히 그 형식에 따라서 현가장치의 구성도 달라진다. 우선 원조격인 크로스 컨트리 계의 본격 4WD. 중량급이거나 특히 오프로드에서의 딱딱한 주행을 염두에 두고 있는 경우, 주파(走破)성 확보를 최우선시하며 앞뒤 모두 일체식 액슬을 사용하는 것이 기본이다. 다음으로, 일반적인 승용차를 기본으로 한, 소위 「생활4륜」 형식이 있다. FF 기본의 SUV 등도 이 종류에 속한다고 생각해도 좋다. 이 종류는 4WD를 성립시키기 위하여, 특히 소형차에서는 뒤 현가장치만 기본차와 다른 구성으로 하는 형태가 많다. 그리고 Audi Rally Quattro에서 시작되는 고성능 지향 4WD. 이 장르도, 극히 일부의 예외를 제외하고서는 기본차를 튜닝하는 것이 일반적이지만, 동력성능의 향상 폭에 걸맞은 강성 확보를 목적으로, 가령 크로스멤버 등은 전용 설계품을 투입하고 암류도 단조품으로 변경하는 등, 큰 폭으로 손을 댄 경우가 드물지 않다. 그리고 고성능 지향 4WD의 뒤 현가장치는, 후륜 구동차와 마찬가지로, 횡력대책이 중요하다. 그러므로 멀티 링크식의 경우, 피봇 배치가 세미 트레일링 암식에 준하는 구성으로 되어 있는 경우도 적지 않다. 이런 점은 후륜 구동차에서도 마찬가지이므로, 리어에 멀티링크식을 사용하고 있는 차종에 대해서는, 그 피봇 배치에 주목하길 바란다.

4륜 구동차의 현가장치

Suspension illustrated 3 : **All-wheel drive car**

4WD 차에서 요구되는 현가장치는, 「FWD 차의 앞 현가장치」 + 「RWD 차의 뒤 현가장치」이다.
다만, '4 바퀴가 항상 전부 접지하고 있지 않으면 안 된다'고 하는 대전제를 실현하기 위한 설정이 필요하다.
고성능 지향 모델은 물론, 기본차가 존재하는 경우는, 그것이 어떻게 나누어져 제조되는지에 대해서도 주목해 보길 바란다.

➤ AUDI R8

4WD에 의하여 개척된 새로운 미드쉽의 핸들링 기준

삽화 : AUDI 사진 : 세야 마사히로(瀬谷正弘)

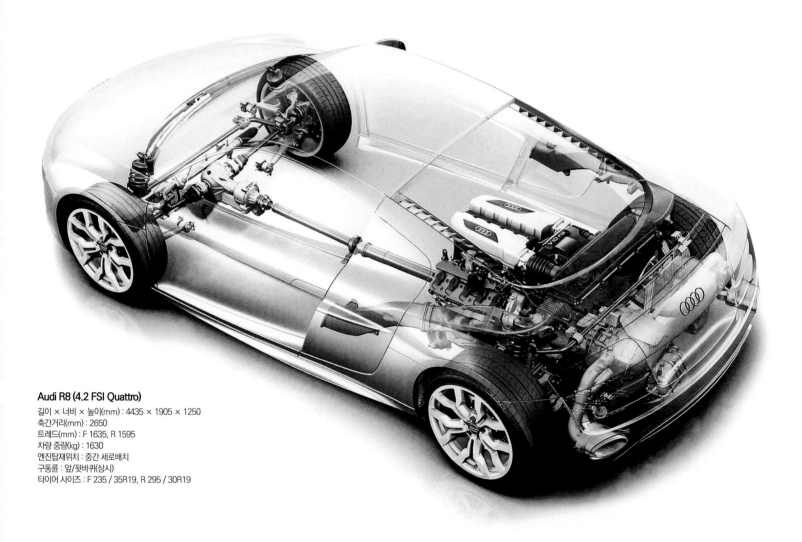

Audi R8 (4.2 FSI Quattro)
길이 × 너비 × 높이(mm) : 4435 × 1905 × 1250
축간거리(mm) : 2650
트레드(mm) : F 1635, R 1595
차량 중량(kg) : 1630
엔진탑재위치 : 중간 세로배치
구동륜 : 앞/뒷바퀴(상시)
타이어 사이즈 : F 235 / 35R19, R 295 / 30R19

먼저 미드쉽 차의 댐퍼스트럿 주변 및 운동성에 관한 일반론과 개인적인 소감을 요약해 두려고 한다. 우선, 당연하지만 통상 앞 엔진차량과는 중량 배분이 크게 달라진다. 대략 전 35 : 후 65와 전 40 : 후 60 정도로 배분되는 것이 일반적이다. 이로 인해 앞쪽의 관성질량이 줄어, Turn In 할 때(Yawing)의 운동성능이 향상된다. 그리고 구동륜인 후륜의 트랙션 성능향상이 미드쉽의 장점으로 여겨지고 있다. 그러나 「운동성의 향상」은 뒤집어 생각하면 「안정성의 저하」이다. 중량물이 차체 후반부에 집중됨으로써, 후륜 측의 관성질량이 커서, 발산(發散) 방향의 움직임에는 불리하게 작용한다. 어쨌든 뒷쪽의 안정성 확보가 대전제가 된다. 그렇기 때문에 후륜의 타이어 사이즈를 전륜보다 최소한 5단계 이상 '강하게'

설정해야 한다는 것이 개인적인 견해이다. 여기서 말하는 '강함'은, 타이어의 트레드 폭, 휠 직경, 편평률(扁平率)을 함께 고려함을 말한다. 간단하게 계산하여, 가령 235/35-19와 295/30-19라면, 후자는 폭에서 6단계, 편평률에서 1단계, 합계 7단계 '강하다'로 말한다. 이와 같은 설정으로 함으로써, 어떠한 상황에서도 후륜의 접지력 여력(餘力)이 전륜을 상회하는 상태를 유지시켜, 언더 스티어(Under Steer) 경향을 확보할 수 있다. 이것이 일반적인 이미지와 괴리를 일으키기 쉬운 점이기도 하고 또한 셋업의 어려운 점이기도 하다. 미드쉽 엔진의 핸들링에 대해서는 「앞쪽의 높은 복원성」, 「높은 선회한계」라는 기대를 하는 것은 거의 확실하다. 성능에서 그러한 경향이 생기는 것 또한 사실이기도 하고, '맛'으로

서 남겨두고 싶은 요소이기도 하지만, 요잉(Yawing) 관리상의 불리한 점은 부정할 수 없다. 그냥 두면, 스핀 모드(Spin Mode)에 들어갔을 때 대처할 도리가 없어, 위험한 자동차가 되는 것은 십중팔구다. 따라서 미드쉽 현가장치의 셋팅은, 얼마나 '좋은 느낌의 언더 스티어'로 마무리할 것인가?에 따라 달라진다고 해도 과언이 아니다. 운동성능 향상을 위하여 미드쉽화(化) 했던 것을, 언더 스티어로 만든다. 큰 모순이기는 하지만, 현실적인 문제로서 그렇게 하지 않을 수 없다. 기하학적 구조로 말하면, 앞쪽의 롤 센터를 뒷쪽보다도 낮게 설정하고, 롤 축의 경우 앞이 내려가게 하는 것이 이론이다. 이렇게 함으로써 제동이나 코너링 시에 전륜 하중을 확보하고, 소위 푸시 언더(Push Under)가 나오기 어려운 설정으로 한

세로 배치 V형 엔진에서의 출력은, 클러치 → 2축 식 세로배치 트랜스미션(Robotised shift기구 & AT모드 내장) → 카운터 샤프트 → 비스듬히 윗쪽으로 배치한 베벨기어 → FDU라는 전달경로의 구성으로 되어 있다. 앞쪽에 배열한 센터 디퍼렌셜로는, 카운터 샤프트 옆쪽에 배치한 프로펠러 샤프트로 전달한다. 엔진 및 트랜스미션 세로 배치의 미드쉽 차량으로서도, 풀타임 4WD 차로서도, 진기함을 뽐낼만한 구석이 없는 전통적인 구성이라고 할 수 있다. 구성 상, 엔진은 약간 좌측으로 오프셋 장착되어 있다.

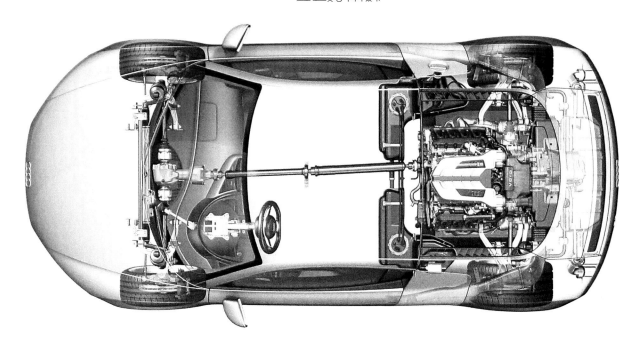

현가장치의 구성에 부합하도록 보디를 설계

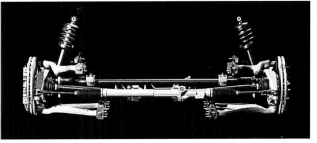

좌측 사진은 앞 로어 암의 차체 측 피봇이다. 축은 전부 전후방향의 배치로, 차체에서는 알루미늄을 깎아 만든 브래킷을 매개로 장착되어 있다. 안티 롤 바의 차체 측 마운트도 같은 구조이다. 우측 사진은 정면에서 본 앞 현가장치이다. 암(Arm)류가 거의 수평으로 배치되어 있다. 전용 설계이므로, 우선은 이상적인 현가장치를 구축한 후에, 그것이 잘 장착될 수 있도록 보디 측의 구조를 결정해 나갔다는 것을 이해할 수 있다.

다. 주도권을 가지고 있는 뒤쪽의 롤 축을 높게 설정함으로써, 롤 강성을 높이고, 중심점을 견고하게 지탱하는 것이기도 하다. 댐퍼 행정의 경우는, 전과 후가 같은 정도이거나 앞쪽을 약간 짧게 설정하는 것이 이론이다. 원래 하중이 적으므로, 4WD가 아니라면 앞 안쪽바퀴가 뜨더라도 특별히 지장이 없을 정도의 역할만 담당한다. 오히려 동하중(動荷重)이 앞쪽으로 쏠릴 때, 확실히 받아낼 수 있도록 약간 짧게 설정한다. 한편, 최근의 미드쉽 차량의 대표격인 Audi R8을 시승하면서 실제적으로 자세히 관찰하였다. 그 과정을 통해서 느낀 것은, 4WD화에 의해 미드쉽의 부정적인 요소가 크게 개선되어 있다는 것이다. 전륜에도 구동력이 전해지기 때문에, 미드쉽에서 흔히 볼 수 있는 선회 상태로 들어갈 때의 조향부실

(操向不實)이 저감되고 있다. 그리고 4WD화의 효능은 제동할 때에도 발휘된다. 후륜에 비해서 '약한' 전륜의 접지력에 의지하지 않을 수 없기 때문에, 미드쉽 차량은 제동 시의 안정성에도 믿음직스럽지 못함을 흔히 느끼게 된다. 그러나 R8에서는, 그러한 부실함을 전혀 찾아 볼 수가 없다. 전륜과 후륜이 기계적으로 연결되어 있기 때문에, 후륜의 제동력을 크게 향상시킬 수 있어, 안정성과의 양립이 가능한 것이다. 차체 패키지에서는, 후륜이 원래 마땅히 있어야 할 위치에 있는 점에 주목하길 바란다. 트렁크 공간을 최소한으로 줄이고, 또한 런 플랫 타이어(Run-Fat Tire)를 사용함으로써 실현된 것이지만, 엔진 등의 중량물이나 타이어, 그리고 운전자의 위치관계를 이상적으로 배치함으로써, 솔직하게 미드쉽 본래의 '맛'

이 전해져 온다고 생각한다. 또한, 그것들이 의도한대로 기능을 하고 있다는 것은, 철저하게 논리적으로 만든 보디가 있어야만 가능하다. 알루미늄을 주체로 하여 경량화를 도모하면서도, 중요한 부위에는 「이것도 !」라고 보여주려는듯 강성을 추구한 구조로 되어 있다. 안티 롤 바링크나 스티어링 랙 마운트는 물론, 나사 하나에 이르기까지 강성확보의 철저함은, '순 레이싱 머신'이라도 이 정도는 아닐 것이다라고 할 정도로 높은 수준이다. 거꾸로 말하면, 이 만큼 성실하게 그리고 논리적으로 공들여 만들지 않는다면, '미드쉽 차는 그 본질적인 장점을 누리기 어렵다' 라는 것이기도 하다.

암 배치는 거의 수평이고 매우 전통적으로, 바꿔 말하면 레이싱 머신(Racing Car)적인 설정으로 되어 있다. 댐퍼가 어퍼 암 안을 간신히 관통하고 있는 점이 돋보이는 것은 암 형상과의 관계 때문이며, 구성 자체는 특별히 기발한 아이디어는 아니다. 암의 차체 측 피봇은 모두 축이 전후방향으로 되어있으며, 전용 브래킷을 매개로 장착되어 있다. 보디가 알루미늄제(製)인 것을 고려하면, 매우 합리적인 장착방법임과 동시에, 이 점도 레이싱 머신적인 구성이기는 하다. 타이 로드는 상하 암의 중간 부근에 설정되어 있고, 브레이크 캘리퍼는 래디얼(Radial)로 장착되어 있다.

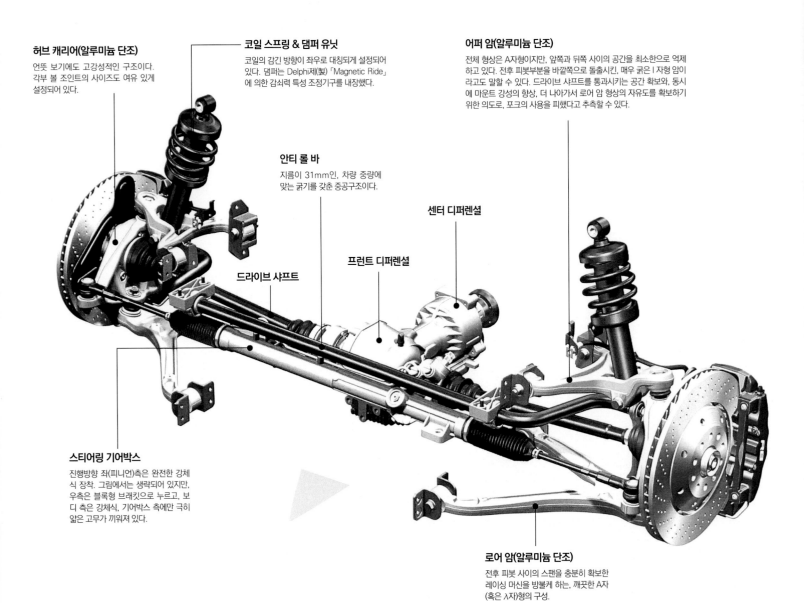

허브 캐리어(알루미늄 단조)
언뜻 보기에도 고강성적인 구조이다. 각부 볼 조인트의 사이즈도 여유 있게 설정되어 있다.

코일 스프링 & 댐퍼 유닛
코일의 감긴 방향이 좌우로 대칭되게 설정되어 있다. 댐퍼는 Delphi제(製) 「Magnetic Ride」에 의한 감쇠력 특성 조정기구를 내장했다.

어퍼 암(알루미늄 단조)
전체 형상은 A자형이지만, 앞쪽과 뒤쪽 사이의 공간을 최소한으로 억제하고 있다. 전후 피봇부분을 바깥쪽으로 돌출시킨, 매우 굵은 I 자형 암이라고도 말할 수 있다. 드라이브 샤프트를 통과시키는 공간 확보와, 동시에 마운트 강성의 향상, 더 나아가서 로어 암 형상의 자유도를 확보하기 위한 의도로, 포크의 사용을 피했다고 추측할 수 있다.

안티 롤 바
지름이 31mm인, 차량 중량에 맞는 굵기를 갖춘 중공구조이다.

센터 디퍼렌셜

프런트 디퍼렌셜

드라이브 샤프트

스티어링 기어박스
진행방향 좌(피니언)측은 완전한 강체식 장착. 그림에서는 생략되어 있지만, 우측은 블록형 브래킷으로 누르고, 보디 측은 강체식, 기어박스 측에만 극히 얇은 고무가 끼워져 있다.

로어 암(알루미늄 단조)
전후 피봇 사이의 스팬을 충분히 확보한 레이싱 머신을 방불케 하는, 깨끗한 A자(혹은 ∧자)형의 구성.

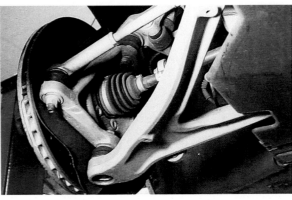

좌측 댐퍼와 어퍼 암 부근의 사진이다. 암 형상, 댐퍼의 위치, 그리고 보디 측 마운트의 실제를 잘 이해할 수 있다고 생각한다. 우측은 노면 측에서 찍은 사진이다. 암의 경량화상태, 허브 측 볼 조인트의 크기, 타이 로드와의 위치관계 등에 주목하길 바란다.

REAR

멀티 링크
(Multi Link)

프런트와 마찬가지로, 전/후 스팬을 넓게 취하고 노면에 대해서 거의 수평으로 배치된 상하의 A암과, 로어 암 배후의 래터럴 링크로 구성되는 매우 단순한 설정이다. 리딩(Leading) 및 트레일링(Trailing) 방향의 힘도 A암에서 받아낸다. 돋보이는 것은 매우 투박한 안티 롤 바 링크이다. 큰 하중이 걸리는 부분이기는 하지만 이 정도

로까지 강성을 높게 한 링크는 드물다. 기하학적으로는 롤 변화에 대해서는 기본적으로 토 제어를 하지 않다가, 마지막에 약간의 토 인 방향으로 해 줌으로써 안정성을 확보하려는 설정이라고 추측할 수 있다. 후방의 캘리퍼는 주차 브레이크용이다.

코일 스프링 & 댐퍼 유닛
코일이 감긴 방향은 앞쪽과 마찬가지이며, 감쇠력 특성 조정기구도 구비한 아래쪽 마운트는 안티 롤 바 링크와 같은 축에 설정했다. 앞쪽과 마찬가지로 드라이브 샤프트용 공간과 강성 확보가 그 이유라고 추측할 수 있다.

안티 롤 바
앞쪽과 같은, 다소 굵직한 설정. 링크는 허브에 직접 연결되고, 레버 비는 1 대 1. 댐퍼의 로어 마운트와 같은 축으로 장착된 보기 드문 구성이다.

허브 캐리어(알루미늄 단조)

드라이브 샤프트

안티 롤 바 링크

로어 암(알루미늄 단조)
전형적인 A자형 구성. 배후에 래터럴 링크가 구비되어 있다.

래터럴 링크(알루미늄 단조)
확인하기 매우 어렵지만, 보디측은 로어 암 뒤쪽 피봇과 같은 축, 허브 측은 로어 암 피봇보다 조금 낮은 위치에 설정된 전용 피봇에 고정되어 있다. 차체의 롤링이 지극히 커진 상태에서만, 약간 토 인을 함으로써 뒤쪽의 안정성을 확보하는 것이 목적이라고 추측할 수 있다.

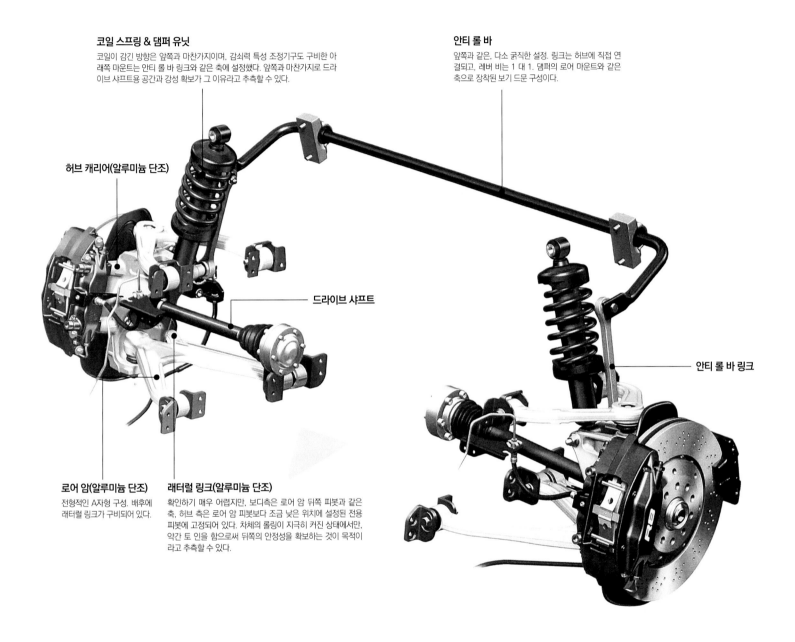

사진에서 위치관계가 파악하기 어려웠던 래터럴 링크(Lateral Link)인데, 좌측 사진에서는 아래쪽 A암과의 위치관계를 확인할 수 있다. 허브 측 피봇의 위치가 약간의 고저차(高低差)를 가진 설정인 점에 주목하자. 우측 사진은 뒤에서 바라본 것이다. 래터럴 링크의 하반각(下反角)에 대해서는 이 그림이 이해하기 쉽다.

» AUDI A4 QUATTRO

새로운 구성의 뒤 현가장치로 상징되는 '합리성'을 철저히 추구함.

삽화 : AUDI

AUDI A4 3.2 FSI QUATTRO
길이 ×너비×높이(mm) : 4705 × 1825 × 1440
축간거리(mm) : 2810
트레드(mm) : F 1565, R 1555
엔진탑재위치 : 앞 세로배치
구동륜 : 앞/뒷바퀴
타이어 사이즈 : FR 모두 245 / 40R18

이른바 「멀티 링크」식이라고 하는 현가장치에도 그 구성에는 몇 가지 종류가 있다. 앞 현가장치에 자주 사용되는 것은, 차체 측과 허브 캐리어를 연결하는 조인트의 아래쪽을 전/후로 분할한 2개의 링크로 접속하는 「더블 조인트」구성이다. 노면에서의 입력이나 그와 관련하여 일어나는 스프링계의 진동, 전륜 구동차의 경우는 구동력 등에 의하여 조향축(킹핀) 주변은 항상 여러 가지의 모멘트에 노출되어 있다. 이 모멘트가 조향력 유지, 조향에 끼치는 영향은 크다. 모멘트는 조향축과 타이어의 중심 거리(킹핀 오프셋)를 작게 할수록 낮출 수 있지만, 허브 주변의 구조 상, 물리적인 한계가 있다. 그래서 암을 더블 조인트 구성으로 하고 조향축을 가상화함으로써 오프셋 량을 줄여 조향력 유지 및 조향에 대한 영향을 줄인다. 멀티링크(가상 조향축) 구성이 낳은 효

능이다. 일본차에서는 토요타의 「슈퍼 스트럿」이 더블 조인트식의 선두를 달렸다. 이것은 캠버 방향에서만 효능을 발휘하는 구성이었지만, 나중에 미쓰비시나 닛산이 보다 광범위한 효능을 지향한 구조를 시도하면서, 최근에는 V35형 스카이라인, Z33형 페어레이디 Z 및 1세대 마쓰다의 Atenza가 더블 조인트 구성을 사용하고 있다. 그러나 재미있는 사실은, 최신 모델에서는 양차 모두 더블 조인트 식을 중지하고, 종래의 암 구성으로 돌아간 것이다. 둘 다 이 책에서 기술하고 있으므로, 상세한 것은 각각의 해당 페이지에서 확인할 수 있지만, 특히 미세한 조향 ~ 작은 조향 영역에서의 선형적인 응답성과 조향 전반에 관한 강성감(특히 토 강성)을 중시하고자 변경한 것 같다.

운전자와 자동차 사이에 「Positive Loop」가 생긴다.

반면에 아우디 A4 는, 1세대부터 이번에 거론하는 최신 모델까지, 4세대에 걸쳐서 더블 조인트 식을 지속적으로 사용하고 있다. 더욱이, 위쪽에도 사용하고 있는 매우 보기 드문 예이다. 1세대 A4를 시승했을 때 받은 충격은 지금까지도 뚜렷하게 기억에 남아 있다. 강성감이 상당히 높아, 전륜 구동의 영향을 전혀 느낄 수 없다. 상황에 따라서는 조향이 듣는 감이 조금 느리다거나, 복귀가 나빴던 순간도 있긴 하지만, 그것도 후륜 구동차에 비하면 그렇다는 이야기다. 시승차가 1.8리터 모델로 앞쪽이 경량이었던 것도 한 몫 했지만, 조향과 자동차의 움직임의 직선성(Linearity)은 「FF 조향」에 대한 개념을 일

센터 디퍼렌셜 위치 변경에 따른 스티어링 계의 구성 변경

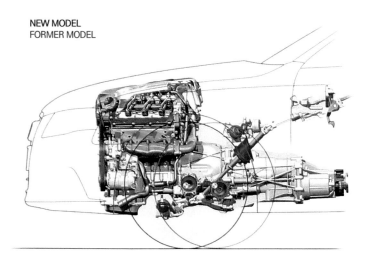

NEW MODEL
FORMER MODEL

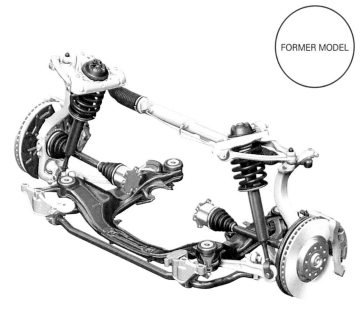

FORMER MODEL

신형 A4는 중량 배분의 개선을 주목적으로 앞 차축을 종래의 모델에 비해 약 160mm 전방에 배치했다. 이로 인해 조향장치의 구성이 완전히 새로워졌다. 위의 사진에서 붉게 착색된 것이 앞 세대 모델의 배치이고, 파랗게 착색되어 있는 것이 쇄신된 배치이다. 종래의 모델에서는 엔진룸 안의 배치 형편 상, 스티어링 랙을 벌크헤드 측 위쪽에 배치하였지만, 신형에서는 파워 패키지의 아래쪽으로 옮겨 설치하였다.

앞 세대(B7형) A4의 앞 현가장치 주변의 구성이다. 스티어링 기어 박스의 위치를 잘 이해할 수 있을 것이다. 링크 종류의 배치 자체는 다음에 개재하는 신형으로도 답습되었지만, 아우디는 이쪽을 4 링크 액슬, 신형을 5링크 액슬이라고 부르고 있다. 모두 링크는 상하 2개씩이지만, 신형은 로어 링크와 같은 위치에 배치된 타이 로드도 포함해서 링크라고 부르고 있다.

경량화와 강성을 추구하는 서브프레임 구조

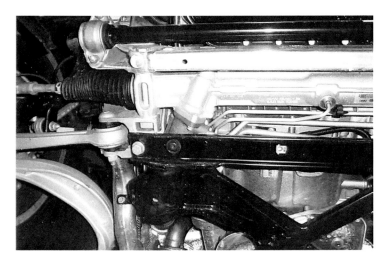

크로스 멤버 구조는 말 그대로 아주 새롭게 일신되면서 종래의 강철 프레스 + 용접이 주(主)이었던 것으로부터 알루미늄 제조품(鑄造品), 압출재(押出材), 파이프의 기계가공품을 적재적소에 배치한 구성으로 변경되었다. 무조 407이나 닛산 스카이라인 등도 공통으로 최근의 추세라고도 말할 수 있는 구조이다. 어느 정도 비용이 허용되는 'C ~ D 세그먼트' 이상에서 경량화와 고강성을 추구할 때, 하나의 모범 답안이 될 수 있을 것이다. 세세한 부분까지 접합 방법 등도 재검토되어 스티어링 기어 박스 등 몇 개의 부분은 부시를 통한 매개 없이 단단하게 접합되어 있다. 한편, 아래쪽 전방의 부시 용량은 대용량이면서도 입력 방향을 고려하여 사용하고 있다. 이와 같은 상당히 논리적인 구성이, 승차감과 조향의 정확성을 확립하고 있다.

신시키는 데 걸맞은 것이었다.

신형 A4는 1세대와 비교하면 얼핏 보아도 적잖이 보디 크기가 커지면서 그에 걸맞게 차량 중량도 증가되어 있다. 더군다나 시승했던 차량이 3.2리터 엔진을 탑재한 '콰트로'이다 보니 그 차이는 더욱 크다. 그런데도 기계적인 직진성의 크기, 미미하거나 작은 조향각에서의 반응 정확성, 노면으로부터의 공격에 대한 저항력 등 더블 조인트식의 이점들이 확실히 계승되고 있다. A4가 '지닌 맛'이 된 이 조향의 정확성은, 자연스레 운전자의 운전 정밀도를 높이는 효과를 갖는다. 그리고 속도 영역을 불문하고, 조작에 대한 반응이 항상 일정하게 느껴지므로, 운전 조작과 자동차 반응 사이에 양호한 루프(Loop)가 생긴다. 일본에서는 시험해 볼 방법도 없을 것 같은 초고속 영역에서 장시간, 연속해서 지속적인 이동을 할 때는, 그

효능이 보다 크게 될 것이다. 다만, 더블 조인트 식의 부정적인 요소를 완전하게 불식시킬 수 있는 것은 아니다. 중립 위치에서 핸들을 꺾기 시작하는 부근에서, 한 순간이지만 거칠고 무겁게 느껴지는 영역이 있고, 그때마다 횡력의 크기와 파워 어시스트 양의 관계로부터, 조향시의 '표정'이 몇 가지로 나타나며, 핸들을 꺾을 때 나타나는 반응이 항상 일정치 못하다는 느낌도 있다. 볼 조인트는 비교적 저항 또는 마찰이 크다. 더블 조인트에서는 그 수만큼 배가(倍加)되면서 핸들이 거칠어지기 쉽다. 그것은 노면으로부터의 진동에 의한 영향으로 부분적으로 저항 또는 마찰이 증감되면서, 그에 대해 어시스트 양이 미묘하게 변동하고 있는 것이 원인의 하나라고 추측된다. 그리고 하나 더, 18인치 편평률 40인 타이어와의 성질이 잘 맞는 것을 들 수 있다. 이 정도의 중량과 성능을 가진

자동차에 걸 맞는 '세기'를 지닌 타이어이지만, 그렇기 때문인지 감도가 너무 높은 영역이 있다. 이것을 「어쩔 수 없다」고 생각하느냐 아니냐에 따라, 신형 A4 '콰트로'에 대한 평가는 좌우된다. 시승은 「드라이브 실렉트」 기능으로 AUTO 모드만으로 해 보았다. 승차감은 Comfort 지향으로, 차체의 움직임 그 자체의 확실한 감은 높으며, 타이어가 닿는 느낌은 항상 원만했다. 그리고 감탄하게 된 것은, 차체의 상하 운동에 대한 '반복 율동'이 전무하다는 점이다. 범프나 리바운드도 움직인 만큼의 양만 돌아오며 더구나 1회로 수렴된다. 전자제어 사용법의 모범 같은 움직임이다. 더욱이 그 과정에서, 불가사의할 정도로 횡방향의 흔들림을 전혀 느낄 수가 없다. 이러한 움직임이야말로, 속도 영역이 높아지더라도 승객에게 불필요한 긴장감을 주지 않는 중요한 요소라고 판단할 수 있다.

신형 A4의 보디는 앞 세대 모델 대비 길이 약 120mm, 전폭 55mm나 확대되었지만, 보디셸(Bodyshell)은 전부 강철이면서도, 단품에서 앞 세대 대비 10% 가까운 경량화를 실현하였다고 한다. 현가장치의 구성에서도 철저하게 경량화에 대처한 것이 곳곳에서 엿보이는데, 링크 종류만이 아니라 베어링 마운트, 피봇베어링 부분까지 알루미늄으로 만들었다. 알루미늄의 사용률은 차량 중량의 약 30%에 달하고 있다고 한다.

아울러 앞 차축을 더 앞으로 배치하고, 배터리를 트렁크로 이동 설치하는 등 알맞게 중량 배분을 적절하게 도모하였다. 우선은 물리적으로 올바른 자동차를 만들려는 명확한 의지를 느낄 수 있는 구조이다.

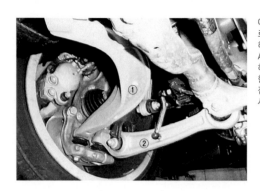

아래 링크 앞뒤 모두에서 세부적으로 철저하게 경량화한 것에 감탄하게 된다. 최신 CAE(Computer Aided Engineering)소프트를 사용하여 구조 해석을 실행하여 최적화한 형상이다. 크로스멤버의 링크와 접합되는 부분은, 모두 주조품으로서 강도와 강성을 확보하고 있다.

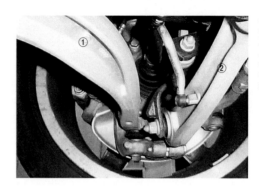

뒤쪽 링크의 업라이트() 측 피봇은, 볼 조인트의 구(球) 부분이 위쪽에 오는 구조로 되어 있다. 유럽 차량에서 최근 증가하고 있는 구조이며, 이렇게 함으로써 피봇을 휠 센터에 가깝게 하고 앤티 다이브(Anti-Dive) 각을 최적화한다.

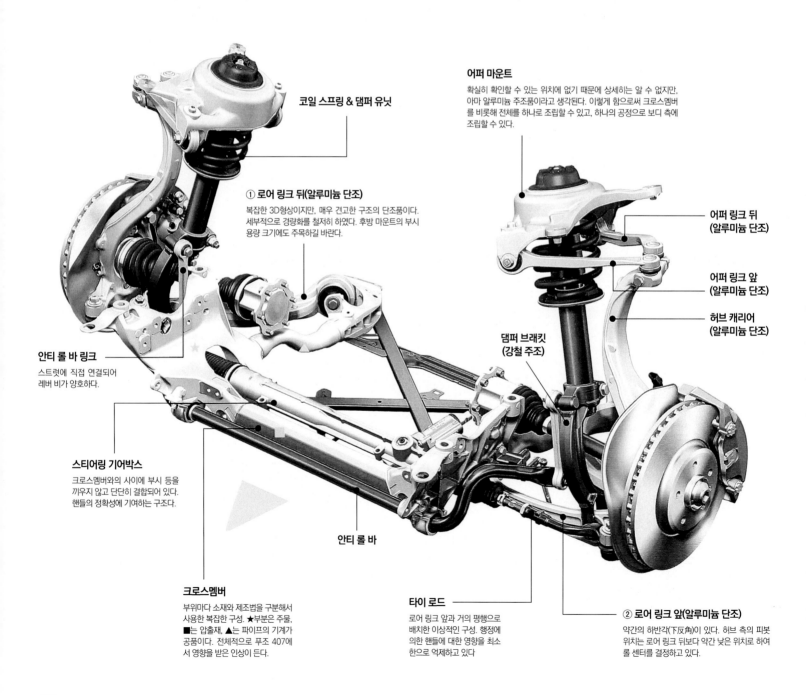

어퍼 마운트
확실히 확인할 수 있는 위치에 없기 때문에 상세히는 알 수 없지만, 아마 알루미늄 주조품이라고 생각된다. 이렇게 함으로써 크로스멤버를 비롯해 전체를 하나로 조립할 수 있고, 하나의 공정으로 보디 측에 조립할 수 있다.

코일 스프링 & 댐퍼 유닛

① 로어 링크 뒤(알루미늄 단조)
복잡한 3D형상이지만, 매우 견고한 구조의 단조품이다. 세부적으로 경량화를 철저히 하였다. 후방 마운트의 부시 용량 크기에도 주목하길 바란다.

어퍼 링크 뒤 (알루미늄 단조)

어퍼 링크 앞 (알루미늄 단조)

허브 캐리어 (알루미늄 단조)

안티 롤 바 링크
스트럿에 직접 연결되어 레버 비가 양호하다.

댐퍼 브래킷 (강철 주조)

스티어링 기어박스
크로스멤버와의 사이에 부시 등을 끼우지 않고 단단히 결합되어 있다. 핸들의 정확성에 기여하는 구조다.

안티 롤 바

크로스멤버
부위마다 소재와 제조법을 구분해서 사용한 복잡한 구성. ★부분은 주물, ■는 압출재, ▲는 파이프의 기계가공품이다. 전체적으로 푸조 407에서 영향을 받은 인상이 든다.

타이 로드
로어 링크 앞과 거의 평행으로 배치한 이상적인 구성. 행정에 의한 핸들에 대한 영향을 최소한으로 억제하고 있다

② 로어 링크 앞(알루미늄 단조)
약간의 하반각(下反角)이 있다. 허브 측의 피봇 위치는 로어 링크 뒤보다 약간 낮은 위치로 하여 롤 센터를 결정하고 있다.

더블 위시본
(Double Wishbone)

위쪽을 링크 하나로 구성한 더블 위시본이다. 앞 현가장치와 비교하면 기본구성은 앞 세대 모델이나 A6 혹은 A8로부터 큰 변화는 없다. 아우디의 호칭으로는 「사다리꼴 링크」라고 한다.

색다른 것은 코일 스프링의 장착방법이다. 이런 구조에서는 암에 장착되는 경우가 많지만, 신형 A4에서는 업라이트(UP-right) 하단에서 뻗은 지주 형상의 부분에 장착되어 있다. 공간 효율이 뛰어나고, 행정를 확보할 수 있을 뿐만 아니라, 댐퍼와 거의 1대 1로 작동하기 때문에, 효율 면에서도 유리하고 훌륭한 구조이다.

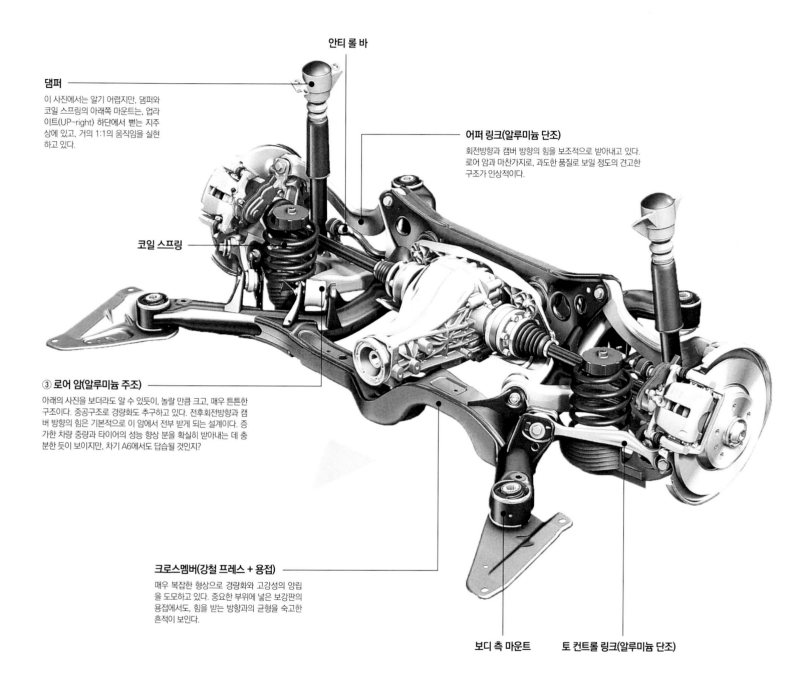

안티 롤 바

댐퍼
이 사진에서는 알기 어렵지만, 댐퍼와 코일 스프링의 아래쪽 마운트는, 업라이트(UP-right) 하단에서 뻗는 지주 상에 있고, 거의 1:1의 움직임을 실현하고 있다.

어퍼 링크(알루미늄 단조)
회전방향과 캠버 방향의 힘을 보조적으로 받아내고 있다. 로어 암과 마찬가지로, 과도한 품질로 보일 정도의 견고한 구조가 인상적이다.

코일 스프링

③ 로어 암(알루미늄 주조)
아래의 사진을 보더라도 알 수 있듯이, 놀랄 만큼 크고, 매우 튼튼한 구조이다. 중공구조로 경량화도 추구하고 있다. 전후회전방향과 캠버 방향의 힘은 기본적으로 이 암에서 전부 받게 되는 설계이다. 증가한 차량 중량과 타이어의 성능 향상 분을 확실히 받아내는 데 충분한 듯이 보이지만, 차기 A6에서도 답습될 것인지?

크로스멤버(강철 프레스 + 용접)
매우 복잡한 형상으로 경량화와 고강성의 양립을 도모하고 있다. 중요한 부위에 넣은 보강판의 용접에서도, 힘을 받는 방향과의 균형을 숙고한 흔적이 보인다.

보디 측 마운트　　**토 컨트롤 링크(알루미늄 단조)**

강철제 프레스 성형품에서 보던 형상을 그대로, 알루미늄 주조로 치환한 놀랄만한 크기의 로어 암이다. 상당히 강도와 강성이 높을 것 같다. 허브 캐리어 하단의 형상에도 주목하기 바란다. 코일 스프링의 장착방법을 이해할 수 있을 것이다.

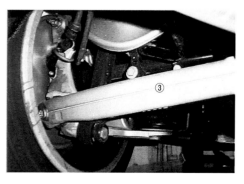

댐퍼와 코일 스프링의 아래쪽 마운트의 위치관계를 확인할 수 있는 사진이다. 이런 배치라면, 거의 1 대 1로 상/하 진동할 것이다. 완전히 새로운 스프링 하부의 사용법이다. 로어 암의 두께와 하반각(下反角)이 붙은 방향에도 주목하길 바란다.

► SUBARU EXIGA

7인승 좌석을 위한 튜닝과 그 방법론

삽화 : FUJI HEAVY INDUSTRIES

SUBARU EXIGA 2.0i-S
길이 ×너비 × 높이(mm) : 4740 × 1775 × 1660
축간거리(mm) : 2750
트레드(mm) : F 1525, R 1530
엔진탑재위치 : 앞 세로배치
구동륜 : 앞바퀴, 앞/뒷바퀴
타이어 사이즈 : FR 모두 215 / 50R17

2008년 6월 Exiga 발표 직후에, 무과급 및 터보 4WD차에 시승할 기회를 가졌는데 상당히 좋은 인상을 받았다. 자동차의 움직임을 무리하게 억제하려고 하지도 않으면서, 적당한 감쇠를 동반하여 견고하게 휠을 진동시키고, 돌아오는 과정까지를 포함하여 차체의 움직임이 느긋하게 느껴졌다. 돌이켜 생각해보니, 1세대 Legacy 에서도 공통적으로 받았던 좋은 의미에서의 여유로움을 지닌 승차감이었다. 과연 세 번째 열의 좌석에 타고 있으면 피칭으로 인해 약간은 신경 쓰이는 점은 부정할 수 없지만, 그 외에는 특별히 트집 잡을 일 없이, 개발진의 「장시간의 이동에도 쉽게 피로하지 않은 점에 유의하였다」라는 주장에도 납득이 가는 완성품이었다. 다시 담당 엔지니어와 만나서 이야기할 기회가 마련되었으므로 그 내용도 섞어 가며 진행하고자 한다.

저상화(底床化) 트렌드에 따른 뒤 현가장치의 구성 튜닝으로 다채로운 차종에 대응

현재의 스바루 차량에 사용하고 있는 플랫폼은, Legacy 용과 현행 Impreza 이후(Forester 및 Exiga) 용으로 크게 구분할 수 있다. 후자도 앞 부분의 기본은 레거시 용과 같지만 뒤 현가장치는 완전히 별개의 것이다. '임프레자'에서 뒤 현가장치를 새롭게 한 이유로서는 현가장치의 위쪽 돌출부위를 줄여서 짐칸 용량을 확보하고 싶었던 점과, 이미 시장 투입이 결정되었던 '엑스가'에서 3열 시트를 실현하려는 것이었다고 한다. 뒤 현가장치 전체를 유닛으로 하는 것과 높이를 억제하는 구성은 세계적으로 트렌드가 되고 있는데, 그에 대한 '스바루' 류의 회답이 이 뒤 현가장치라는 것이다. 확실히, 뒤

액슬 주변을 저상으로 만드는 것은 잘 고려된 구성이라고 생각한다. 성능 측면에서의 유의점으로서는 "레거시의 뒤 현가장치 결점을 개선하고 싶었다"라는 말이 되돌아왔다. 구체적으로는 돌기를 타고 넘을 때 등에서 소음(Harshness)이 조금 강하게 나오는 경향이 있는 점과, 범프에 따라서 휠이 진행 방향 측으로 움직이는 궤적을 그리고 있다는 점이다. 그래서 안정성 수준을 높이기 위해서, 범프 시에는 반대로 휠이 차체 후방 측으로 움직이도록 하고 싶었다고 한다. 실제의 구성 검토에서는, 로어 암이 움직이는 방향에 대하여 가능한 한 댐퍼가 똑바로 움직이도록 그 배치에 심혈을 기울였다. 마찰이나 저항을 저감하여 압축 방향으로 작용하는 힘의 효율을 높이면서, 부시가 비틀리지 않도록 선형적으로 댐퍼를 작동시키고, 감쇠 시작 시의 반응을 향상시키는 것이 주

'임프레자(Impreza)'로부터 투입된 신세대 뒤 현가장치

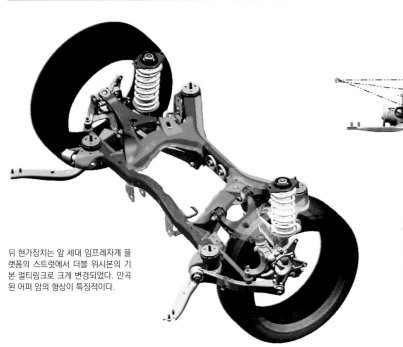

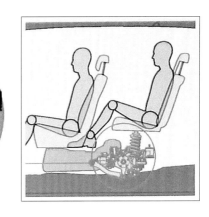

뒤 현가장치는 앞 세대 임프레자계 플랫폼의 스트럿에서 더블 위시본의 기본 멀티링크로 크게 변경되었다. 만곡된 어퍼 암의 형상이 특징적이다.

위 오른쪽의 그림은 '엑시가'의 셋째 열 시트 주변의 배치 이미지이다. 셋째 열 시트는 대략 뒤 액슬 위에 위치하기 때문에, 뒤 현가장치 전체의 높이를 억제함으로써 승차 공간이 확보된다. 더욱이 열이 뒤로 갈수록 착좌 위치가 서서히 높아지는 「극장 좌석 배치 방법」의 사용으로 패키지가 성립되고 있다. 연료 탱크는 성형 자유도가 높은 플라스틱 제품으로 차량 바닥 아래에 배치하여, 셋째 열 시트의 발밑 공간을 확보하면서 플랫 플로어를 실현하고 있다. 탱크는 말안장(鞍裝) 형상으로 함으로써, 65리터의 탱크 용량을 확보하였다. 위치로 인해 어느 정도의 피칭 영향을 받는 것은 부정할 수 없지만, 그래도 이 사이즈의 3열 시트차로서는 비교적 양호한 거주성(居住性 · Dwelling Ability)을 실현하고 있다.

보디 강성 향상을 위한 대책

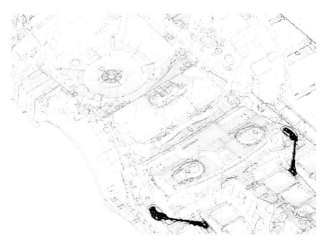

'스바루'는 현행 '임프레자' 발표 시에 「SI 섀시」라는 개념을 내세웠다. 그 상세한 것에 대해서는 아직까지도 밝혀지지 않았지만, 보디 강성의 「최적화」 혹은 「효율화」가 핵심 주제의 하나가 되고 있는 것은 틀림이 없다. '엑시가'에서도 초고장력 강판을 사용하였으며, 물론 프런트 벌크 결합 구조의 최적화에 따라서, 앞 현가장치에서의 입력을 프런트 필러(Pillar)로 순조롭게 전달하는 점, 조향에 대한 응답성 향상을 위하여 뒷부분에 보강(補剛) 지주를 사용하고(위 그림), 프런트 필러로부터 사이드 레일 사이의 결합 강성 향상을 위하여 프런트 레일 결합부로의 분할 집중을 피하고, 익스텐션(Extension) 구조화 및 외부 강화부(Outer Reinforce)의 일체화를 통하여 강성의 최적화를 도모하고 있다.

된 목표이다. 각 방향에서의 입력에 대한, 기하학적 구조 변화의 설정은 어떻게 되고 있는 것일까? 통상적인 영역에서는 거의 선형적이고, 상황에 따라서 약간의 범프 토 인(Toe-in), 횡력에 대해서도 토 인(Toe-in) 방향으로 움직인다. 전/후 방향의 입력에 대해서는, 제동 시에 토 인, 구동에 대해서는 거의 토가 변화되지 않도록 하고 있다. 구동방식은 물론이고 이론 대로라고 말 할 수 있는 설정이기는 하다. 다만, 배치 면에서 조금 신경이 쓰이는 것은, 댐퍼와 스프링의 입력 포인트가 액슬보다 후방으로 오프셋되어 있다는 점이다. 앞에서 말한 댐퍼로의 입력효율을 고려해서 설정한 것이지만, 이 배치에서는 수직방향의 하중을 받아낼 때 트레일링 링크에 커다란 힘이 걸리면서 회전방향의 모멘트가 생기는 것이 부

담이 된다. 시판 자동차 수준의 구동력이라면 큰 문제가 되지는 않을 것이고, 실제 차에서도 특별히 신경이 쓰이지는 않을 수준으로 튜닝이 되어 있지만, 'PWRC' 차량 등에서는 조금 고생할 것 같다. 그리고 여기까지는 이 뒤 현가장치를 사용한 차종에 공통되는 이야기다. 3열 시트 7인승이라는, 뒤의 차축에 걸리는 무게 변화가 큰 패키지인 '엑시가'에서는 어떠한 부분을 변경했는지 물어보니 스프링, 고무종류, 안티 롤 바 등의 튜닝(Tuning)으로 대응했다는 대답이 돌아왔다. 가령, 이 현가장치의 구조상, 세 번째 열 시트에 2명이 승차하면, 그 자체로도 범프 스토퍼는 맞닿는다. 그러나 범프 스토퍼 자체를 매우 길게 설정하고 또 연한 재질을 사용함으로써, 맞닿아진 것 자체를 느낄 수 없을 정도로 튜닝이 되어있다. 승차감

확보를 위하여, 생산 공정에 관련해서 여러 가지 노력을 하고 있다. 일례를 보면, 현가장치 유닛의 조립 공정에서는 댐퍼의 로어 마운트 부분을 제외하고, 지표상의 중력 가속도(1G) 상태에서 체결시키고 있다. 이렇게 함으로써, 주행 상태에서 각 조인트부에 걸리는 인장력을 확실하게 기준값 범위내로 수렴시키고 목적한 대로의 작동을 실현시키고 있다. 2009년에 등장한 신형 '레거시'에서는 앞 현가장치 주변을 더욱 새롭게 하였다. 이렇다 하더라도 이 뒤 현가장치는 이 후에도 한동안 지속적으로 사용될 것이다. 대화에 응해 준 엔지니어도 가일층의 경량화 등 향후 몇 가지의 과제를 말했다. 그것이 충분히 이루어지기를 기대해본다.

기본구조는 1세대 '레거시'와 크게 다르지 않다. 물론 미묘하게 치수를 바꾸거나, 허브 캐리어 부분의 형상 변경으로 트레드 폭을 넓히는 등의 변경은 하였다. 그리고 현행 '임프레자'에서는 로어 마운트부에 10mm의 스페이서(Spacer)를 끼워, 암을 노면과 평행하게 배치하고, 안티 다이브 특성을 높이고 있다. 뒤 현가장치 변경으로

인한 안티 리프트성이 강해진 대책이다. 더불어 트레일량을 줄여서 캐스터 각을 증가시키고 있다. 이 변경들은 차종의 캐릭터에 따라 설정을 정하고 있다. 'Exiga'의 경우는 「Forester의 자세를 변경시켜 Impreza에 가깝게 한」 듯한 설정이라고 한다.

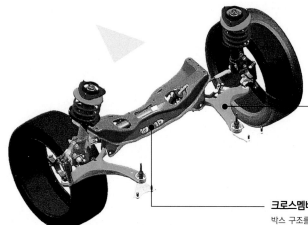

로어 암(강철 프레스)
┌자형 암이다. 피봇부의 마운트 방향은 앞쪽이 수평, 뒤쪽이 수직방향으로 설정. 부시종류의 구조와 아울러 돌기를 넘을 때의 입력에 대한 토 변화를 억제하고 있다.
※ 그림은 '임프레자'의 것이다.

크로스멤버(강철 프레스)
박스 구조를 사용하여, 전후방향의 프레임을 필요 없게 하면서, 동등한 횡강성을 확보하고 있다.

코일 스프링 & 댐퍼 유닛
어퍼 마운트 부분은 입력 일체식.
댐퍼는 SHOWA제(製) 트윈 튜브식.

드라이브 샤프트

안티 롤 바

타이 로드
앞에서 보면, 로어 암과 거의 평행한 위치에 설정.

기본 구성은, 큰 우물 정(井)자형 크로스멤버에 아래쪽을 분할한 더블 위시본이며, 비교적 틀에 박혀 있는 평범한 구조이다. 아래 암의 분할로 인해 가상 조향축을 갖기 때문에, 본 책에서는 멀티 링크로 분류한다. 공간 효율 향상을 위하여 세부적으로는 미묘한 곡선으로 구성되고 있으며, 어퍼 암 등의 형상은 특징적이다.

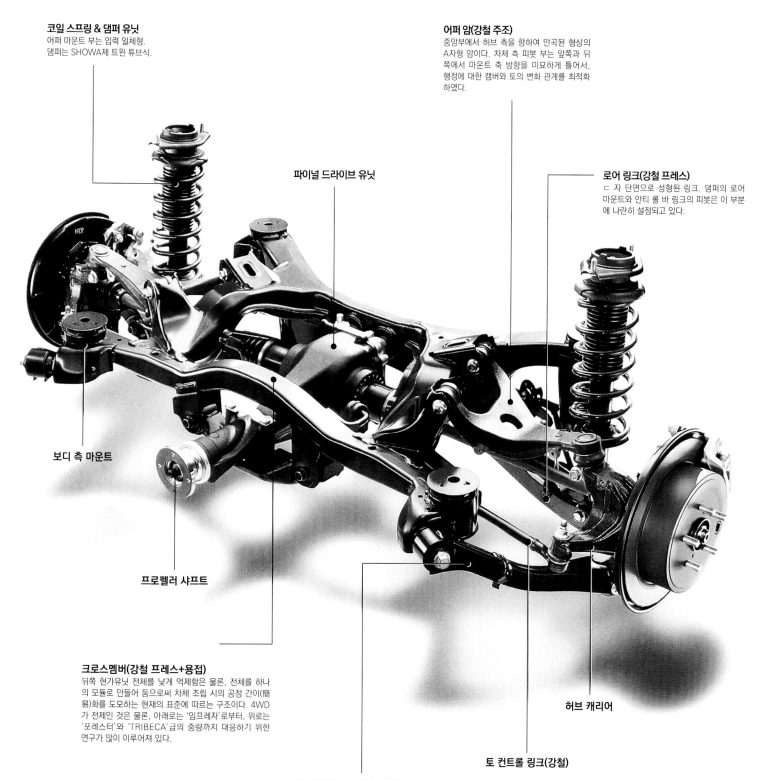

코일 스프링 & 댐퍼 유닛
어퍼 마운트 부는 입력 일체형.
댐퍼는 SHOWA제 트윈 튜브식.

파이널 드라이브 유닛

어퍼 암(강철 주조)
중앙부에서 허브 측을 향하여 만곡된 형상의 A자형 암이다. 차체 측 피봇 부는 앞쪽과 뒤쪽에서 마운트 축 방향을 미묘하게 틀어서, 행정에 대한 캠버와 토의 변화 관계를 최적화하였다.

로어 링크(강철 프레스)
ㄷ자 단면으로 성형된 링크. 댐퍼의 로어 마운트와 안티 롤 바 링크의 피봇은 이 부분에 나란히 설정되고 있다.

보디 측 마운트

프로펠러 샤프트

크로스멤버(강철 프레스+용접)
뒤쪽 현가유닛 전체를 낮게 억제함은 물론, 전체를 하나의 모듈로 만들어 둠으로써 차체 조립 시의 공정 간이(簡易)화를 도모하는 현재의 표준에 따르는 구조이다. 4WD가 전제인 것은 물론, 아래로는 '임프레자'로부터, 위로는 '포레스터'와 'TRIBECA'급의 중량까지 대응하기 위한 연구가 많이 이루어져 있다.

허브 캐리어

토 컨트롤 링크(강철)

트레일링 링크(강철 프레스)
ㄷ자 단면으로 성형된 프레스 제품에 피봇 부를 용접하였다. 외관상으로는 조금 부실한 인상도 있지만, CAE를 활용한 해석을 하여 중량과 강도, 강성의 균형을 최적화한 구조이다.

» NISSAN DUALIS / X-TRAIL

같은 플랫폼으로 어떻게 캐릭터를 다르게 만들까?

삽화 : NISSAN

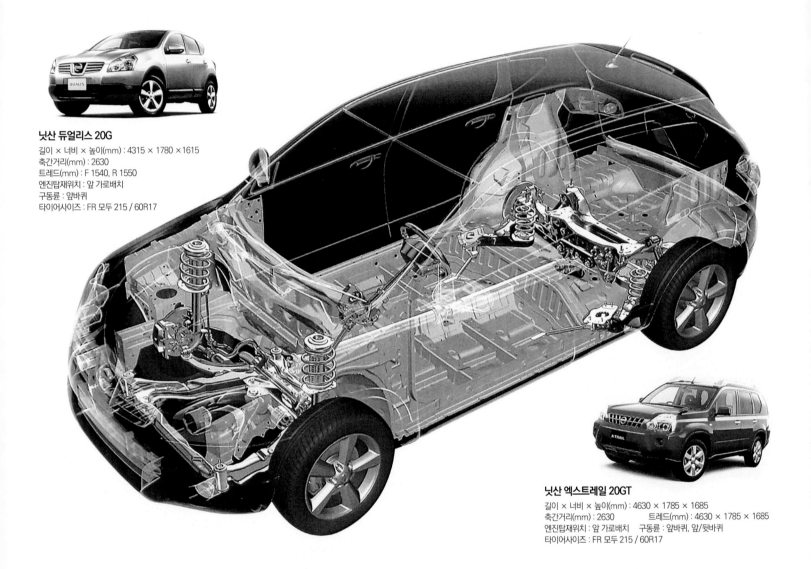

닛산 듀얼리스 20G
길이 × 너비 × 높이(mm) : 4315 × 1780 ×1615
축간거리(mm) : 2630
트레드(mm) : F 1540, R 1550
엔진탑재위치 : 앞 가로배치
구동륜 : 앞바퀴
타이어사이즈 : FR 모두 215 / 60R17

닛산 엑스트레일 20GT
길이 × 너비 × 높이(mm) : 4630 × 1785 × 1685
축간거리(mm) : 2630   트레드(mm) : 4630 × 1785 × 1685
엔진탑재위치 : 앞 가로배치   구동륜 : 앞바퀴, 앞/뒷바퀴
타이어사이즈 : FR 모두 215 / 60R17

현가장치의 튜닝이나 평가를 의뢰받는 기회가 있어서, 작업을 통해서 여러 가지의 체험을 해왔지만, 최근에 놀랐던 것은, 보디의 '원산지'에 따라서 특성이 달라지는 경우이다. 어떤 자동차를 어느 지역에서 녹다운방식(Knockdown System · 부품 세트를 외국에 보내어 이를 현지에서 조립 및 판매하는 방식)으로 생산하게 됨에 따라, 현지의 도로사정에 맞는 현가장치의 재 튜닝을 의뢰받았다. 처음에 일본에서 가져 간 차량으로 기본 튜닝을 완료해 놓고, 나중에 현지에서 생산된 차량에 그 현가장치를 조립하여 확인한 결과, 움직임이 완전히 달랐다. 스프링이나 댐퍼의 사양을 확인했지만 당초의 설정 그대로였다. 만일을 위해서 처음에 테스트한 차에 조립을 해보니, 정확히 소정의 특성이 발휘되었다. 도대체 무엇이 원인인지 조사를 해 가다보니 보디가 현지에서 생산된

것임을 알게 되었다. 그 시점에 스트럿 주변의 관련 부품은 일본 생산품이었으므로, 특성에 영향을 줄 요소는 보디 이외에는 생각할 수 없었다. 현지의 담당 스텝에게 확인해 본 결과, 일본에서 보내온 도면 데이터를 그대로 사용하고, 부재나 판의 두께, 용접 방법 등도 지정한대로 만들었다고 한다. 그 스텝이 알지 못하는 곳에서, 무엇인가 변경이 행해졌을 가능성도 부정할 수는 없지만, 보디라는 것의 심오함과 현가장치에 미치는 영향의 크기에, 생각을 새롭게 하게 된 체험이었다.

차량의 캐릭터를 만드는데 있어서 현가장치 튜닝의 기여도는?

그런 경험을 근거로, 이번에는 닛산 '듀얼리스'와 '엑

스트레일'을 예를 들어, 똑같이 주요 부품을 사용하지만 자동차의 캐릭터 차이에 따라서, 튜닝이 어떻게 달리 차이가 나게 실시되고 있는지 관찰해보고자 한다. 듀얼리스의 현가장치는 전체적으로 「팽팽한 감」이 높은 느낌이다. 노면의 요철을 타고 넘을 때, 초기 행정의 단계에서 그다지 현가장치를 가라앉게 하지 않고, 우선 보디 측의 움직임을 억제한 상태로 유지하면서 입력을 받아낸다. 속도영역에 관계없이 움직임은 팽팽한 감이 높게 유지되지만, 치받는 듯한 딱딱함은 느낄 수 없다. 롤링 각속도(角速度)도 고속영하면서 역까지 일관되며, 예측한 범위를 벗어나지 않았다. 원래 유럽 시장용으로서 개발되어 영국에서 생산이 시작된 「유럽차량」이기는 하지만, 보디의 강성감, 주행 중의 굴러가는 느낌까지를 포함하여 지극히 유럽차량다운 특성으로 완성되어 있다.

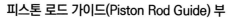
피스톤 밸브

피스톤 로드 가이드(Piston Rod Guide) 부

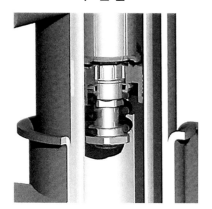

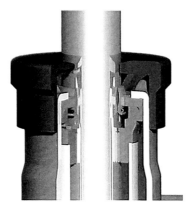

듀얼리스의 주행성능은 각 방면에서 높게 평가받고 있는데, 그 기여도가 높은 요소로서 '작스제(製)' 댐퍼의 사용을 들 수 있다. 엑스트레일도 기본적으로 같은 작스제 댐퍼를 사용하고 있다. 작스제 댐퍼도, 구조나 부재는 일본산 댐퍼와 크게 다르지는 않다. 가장 큰 차이는 차량특성을 결정하는 튜닝 관련 부품이, 세밀하고 풍부하게 라인업되어 있는 것이다. 그러므로 감쇠력은 그대로 두고, 응답성만을 높이는 튜닝을 용이하게 실시할 수 있다. 일본의 댐퍼 메이커에서는 그 정도까지 부품을 구비하고 있지는 않기 때문에, 튜닝의 폭에 한계가 있다. 이런 점이, 일본차의 현 가장치 성능과 주행의 질적 감각에 미치는 영향은 의외로 크다

New C Platform

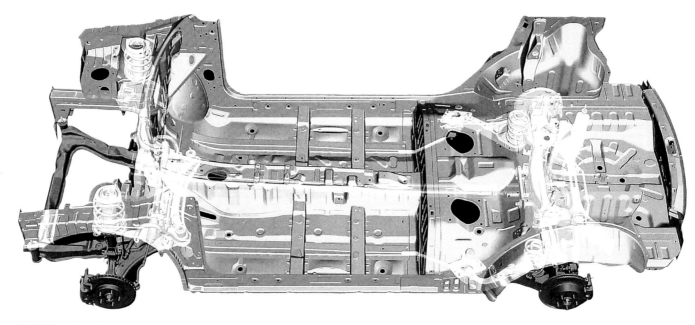

'C 플랫폼'은 르노(Renault)와 공동 개발한 것이다. 이름 그대로, 'C 세그먼트'에 설치되는 가로 배치 엔진의 FF 혹은 FF 베이스 4WD 차에 사용되고 있다. 다른 차종에서 이 플랫폼을 사용하는 것으로는 Serena, Lafesta, 북미용 Sentra, Renault Megane 등이다. 당연히 각 차의 캐릭터에 따라서 세부적으로 튜닝을 실시하고 있다. 듀얼리스에서는 차체 전체의 강성 향상을 의식하면서, 해치백(Hatchback)계에서 변형이 | 큰 뒤 보디 주변의 강성을 중점적으로 강화했다고 한다. 구체적으로는 뒤 플로어, 뒤 현가장치 멤버, 해치게이트 주변의 차체 부재의 강성확보를 배려하였다. 엑스트레일에서는 앞 세대 모델 대비, 비틀림 강성을 약 30% 향상시켰다고 한다.

그러면, 같은 플랫폼, 같은 스트럿 주변 부품을 사용하여 일본에서 생산하고 있는 '엑스트레일'은 어떨까? 모처럼의 기회가 있어 클린 디젤엔진을 탑재한 20GT 급에 탑승해 본 결과, 상당한 차이를 체감할 수 있었다. 앞 현가는 노면의 요철에 따라서 처음에는 확실하게 행정 하는 움직임을 보인다. 직진 시의 안정성이나 차선 추적성 측면에서는 '듀얼리스'와 서로 공통적이기는 하지만, 전체적인 강성감, 팽팽한 느낌은 엷어지면서 시종일관 느슨하고 평온한 움직임을 주는 느낌이었다. 자동차로서의 캐릭터가 다르기 때문에, 그러한 차이가 생기는 것은 당연하다. 우선, 다같이 SUV로 분류되기는 하지만, 그 위치는 미묘하게 다르다. '듀얼리스'가 「차고가 높은 해치백」 형식이라면, '엑스트레일'은 조금 더 오프 로드(Off Road)에서 이용이 고려되어 있다. 타이어도 사이즈는

같지만, 듀얼리스는 온 로드(On Road)에서의 고속 주행을 중시하는 타이어(Bridgestone DUELER H / P SPORT 폴란드제(製))를 사용하는데 반해, 엑스트레일은 M+S(DUNLOP GRANDTREK ST20 일본제)타이어를 사용한다. 장착되는 타이어의 캐릭터 차이는, 튜닝 상에 상정되는 상용속도 영역의 차이까지도 가리키고 있다고 생각해도 좋을 것이다. 중량 면의 차이도 있다. 듀얼리스의 시승차는 FF로 차량 중량이 1420kg, 엑스트레일은 디젤 4WD를 선택하였기 때문에 차량 중량은 1660kg에 달한다. 가솔린 엔진의 2리터, 4WD, 6단 MT차가 1480kg이므로 그 차이 180kg 중, 상당부분이 앞차축 주변의 중량 중가분일 것이다. 이 정도의 차이가 있다면, 당연히 현가장치의 튜닝도 변경되어 있다는 것을 상상하기 어렵지 않다. 그리고 강성의 절대값이 같다면, 중량

증가는 상대적인 강성 저하의 요인이 된다.

이러한 사정을 고려한 상태라고 하더라도, 듀얼리스의 상쾌하면서 힘차고 탄탄한 승차감과, 움직임 하나하나에서 느껴진 강성감 및 일체감이, 엑스트레일에서는 나오지 않는 것은 매우 유감스럽다. 엑스트레일의 경우, 스트럿 주변의 튜닝은 「일본 사양」이 대전제가 되어 있다. 그렇다면 승차감이, 보다 「일본차량」스럽게 되어 있는 것이 도리이다. 그러나 유럽의 사용자들은 듀얼리스로도 오프로드에 들어갈 기회가 많다고 듣고 있다. 그리하여 클레임이 속출한 것도 아니라면, 일부러 일본시장용으로 새로 고칠 필요가 있었을까?하는 의문을 품지 않을 수 없다.

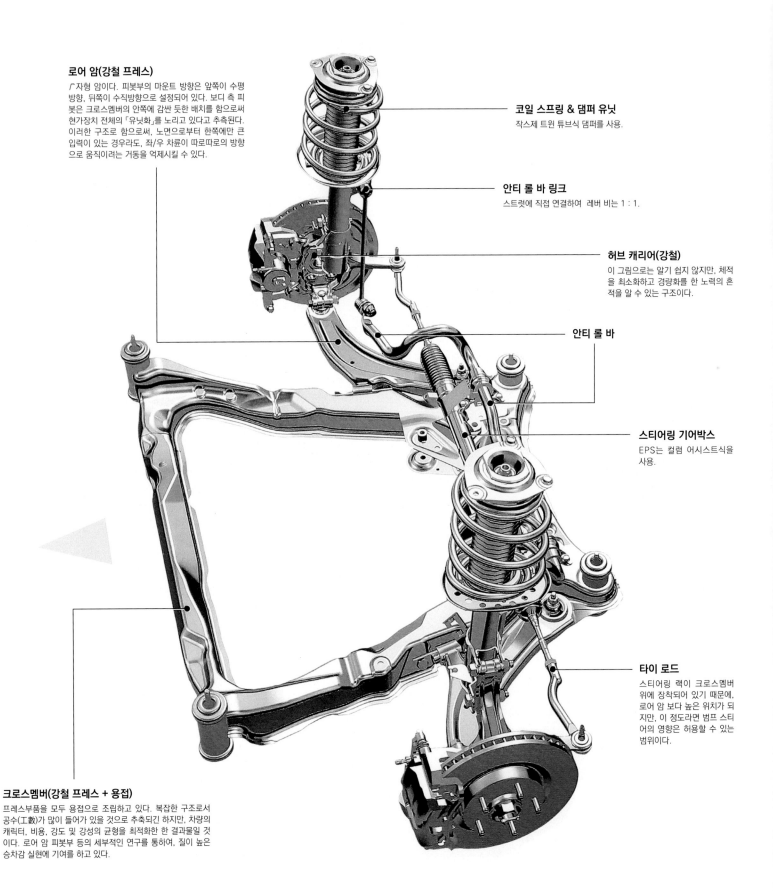

FRONT — 맥퍼슨 스트럿 (MacPherson Strut)

현가장치를 구성하는 주요 부품들은 듀얼리스와 엑스트레일에서 공통적으로 사용된다. 앞 현가는 큰 크로스멤버를 축에 조립한 스트럿(Strut)이며 구조 자체는 틀에 박힌 평범한 것이지만, 실제 차로 확인하면 세세한 부분에 많은 연구와 지혜가 들어가 있다는 것을 알 수 있다. 일례를 든다면, 로어 암의 전방 피봇이 멤버의 안쪽

으로 파고드는 듯한 배치를 하고 있는 점이다. 이렇게 함으로써 유닛 전체의 일체성을 높여, 한쪽에서 커다란 입력이 오더라도, 한쪽 바퀴만 영향을 받지 않도록 한 것이다. 부시종류의 배치나 용량에서도 공들여 검토한 흔적을 볼 수 있다.

로어 암(강철 프레스)
「자형 암이다. 피봇부의 마운트 방향은 앞쪽이 수평방향, 뒤쪽이 수직방향으로 설정되어 있다. 보디 측 피봇은 크로스멤버의 안쪽에 감싼 듯한 배치를 함으로써 현가장치 전체의「유닛화」를 노리고 있다고 추측된다. 이러한 구조로 함으로써, 노면으로부터 한쪽에만 큰 입력이 있는 경우라도, 좌/우 차륜이 따로따로의 방향으로 움직이려는 거동을 억제시킬 수 있다.

코일 스프링 & 댐퍼 유닛
작스제 트윈 튜브식 댐퍼를 사용.

안티 롤 바 링크
스트럿에 직접 연결하여 레버 비는 1 : 1.

허브 캐리어(강철)
이 그림으로는 알기 쉽지 않지만, 체적을 최소화하고 경량화를 한 노력의 흔적을 알 수 있는 구조이다.

안티 롤 바

스티어링 기어박스
EPS는 컬럼 어시스트식을 사용.

타이 로드
스티어링 랙이 크로스멤버 위에 장착되어 있기 때문에, 로어 암 보다 높은 위치가 되지만, 이 정도라면 범프 스티어의 영향은 허용할 수 있는 범위이다.

크로스멤버(강철 프레스 + 용접)
프레스부품을 모두 용접으로 조립하고 있다. 복잡한 구조로서 공수(工數)가 많이 들어가 있을 것으로 추측되긴 하지만, 차량의 캐릭터, 비용, 강도 및 강성의 균형을 최적화한 한 결과물일 것이다. 로어 암 피봇부 등의 세부적인 연구를 통하여, 질이 높은 승차감 실현에 기여를 하고 있다.

링크 배치에 따른 가상 조향축을 갖기 때문에 멀티 링크로 분류하지만, 기본구조는 트레일링 링크 + 래터럴 방향의 상/하 링크로 구성되어 있다. 구성상의 핵심은, 허브 캐리어 부분까지 일체화시킨 정말로 강도 및 강성이 높은 트레일링 링크이다. 이 부분이 전/후 방향의 힘을 확실하게 받아냄으로써, 래터럴 링크는 쓸데없는 스트레스에서 해방되어, 캠버 방향의 움직임 제어에 전념할 수 있다. 뛰어난 직진성 실현 등 많은 장점을 실현시키는 구성이다. 아쉽게 여겨지는 것은, 차체 측의 피봇의 위치이다. 보다 높은 위치로 설정했다면 특히 가·감속을 할 때, 차체 거동의 질감을 높일 수 있다고 추측할 수 있다.

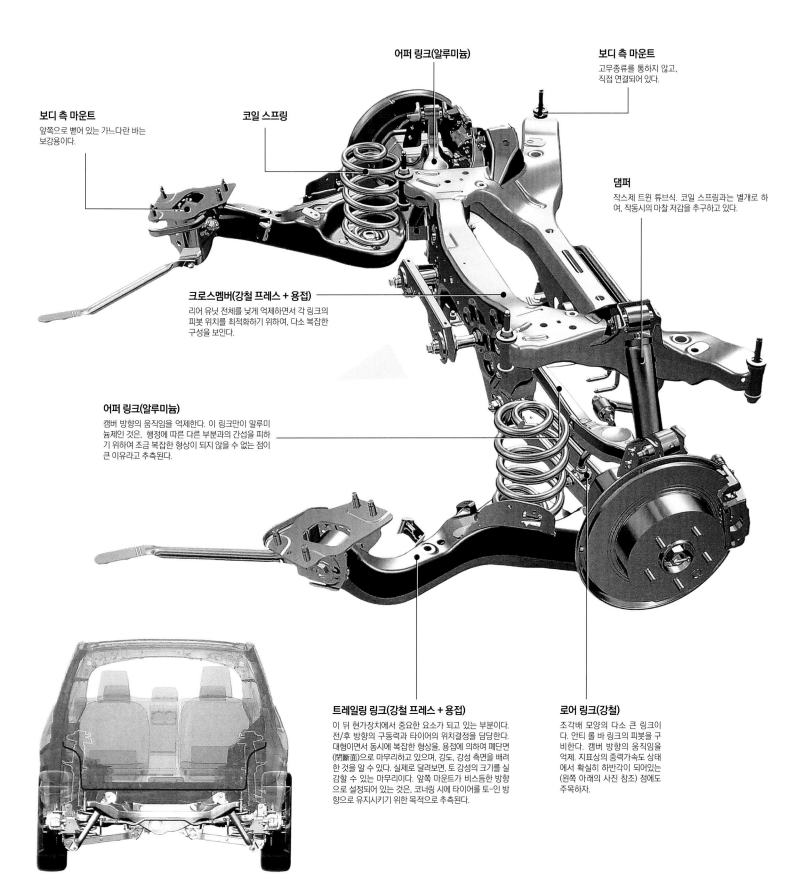

어퍼 링크(알루미늄)

보디 측 마운트
고무종류를 통하지 않고, 직접 연결되어 있다.

보디 측 마운트
앞쪽으로 뻗어 있는 가느다란 바는 보강용이다.

코일 스프링

댐퍼
작스제 트윈 튜브식. 코일 스프링과는 별개로 하여, 작동시의 마찰 저감을 추구하고 있다.

크로스멤버(강철 프레스 + 용접)
리어 유닛 전체를 낮게 억제하면서 각 링크의 피봇 위치를 최적화하기 위하여, 다소 복잡한 구성을 보인다.

어퍼 링크(알루미늄)
캠버 방향의 움직임을 억제한다. 이 링크만이 알루미늄제인 것은, 행정에 따른 다른 부분과의 간섭을 피하기 위하여 조금 복잡한 형상이 되지 않을 수 없는 점이 큰 이유라고 추측된다.

트레일링 링크(강철 프레스 + 용접)
이 뒤 현가장치에서 중요한 요소가 되고 있는 부분이다. 전후 방향의 구동력과 타이어의 위치결정을 담당한다. 대형이면서 동시에 복잡한 형상을, 용접에 의하여 폐단면(閉斷面)으로 마무리하고 있으며, 강도, 강성 측면을 배려한 것을 알 수 있다. 실제로 달려보면, 토 강성의 크기를 실감할 수 있는 마무리이다. 앞쪽 마운트가 비스듬한 방향으로 설정되어 있는 것은, 코너링 시에 타이어를 토-인 방향으로 유지시키기 위한 목적으로 추측된다.

로어 링크(강철)
조각배 모양의 다소 큰 링크이다. 안티 롤 바 링크의 피봇을 구비한다. 캠버 방향의 움직임을 억제. 지표상의 중력가속도 상태에서 확실히 하반각이 되어있는(왼쪽 아래의 사진 참조) 점에도 주목하자.

NISSAN GT-R

요구되는 것은 상식을 넘어선 높은 정밀도와 강성, 있을 수 없을 정도로 줄어든 제조 공차.

삽화 : NISSAN / 주후쿠 타카시(寿福隆志)　사진 : 수미요시 미치히토(住吉道仁)

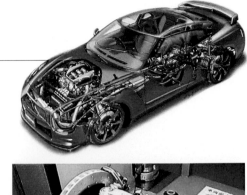

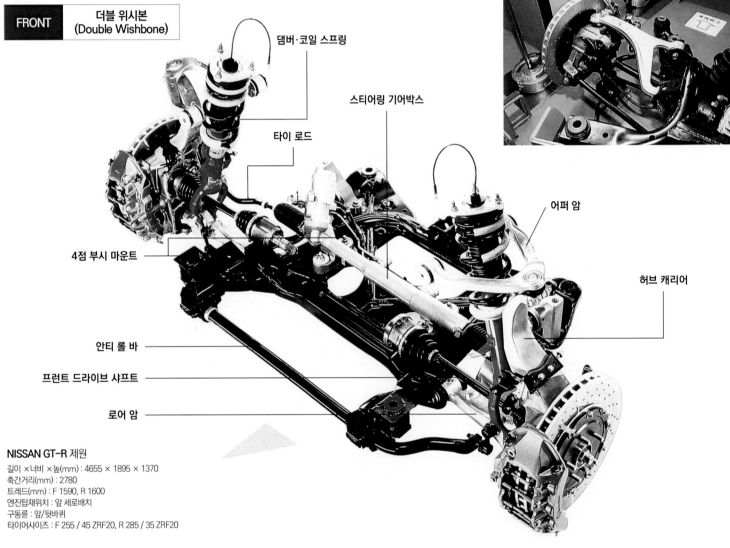

| FRONT | 더블 위시본 (Double Wishbone) |

댐버·코일 스프링

스티어링 기어박스

타이 로드

어퍼 암

4점 부시 마운트

허브 캐리어

안티 롤 바

프런트 드라이브 샤프트

로어 암

NISSAN GT-R 제원
길이 ×너비 ×높(mm) : 4655 × 1895 × 1370
축간거리(mm) : 2780
트레드(mm) : F 1590, R 1600
엔진탑재위치 : 앞 세로배치
구동륜 : 앞/뒷바퀴
타이어사이즈 : F 255 / 45 ZRF20, R 285 / 35 ZRF20

R35형 GT-R의 개발에서 「정밀도(精密度)와 강성(剛性)의 추구(追求)」는 중요한 키워드이다. 물론 현가장치의 개발에서도 그 키워드는 변함이 없다. 모든 부품의 강도, 강성확보 및 경량화 그리고 생산 공차까지 극한의 요구값 이하로 완성되어 있다. 1700kg을 초과하는 차량중량을 지탱하고, 아울러 「슈퍼 카(Super Car)」로서의 주행을 실현시키는 현가장치, 그 필요조건이 부품류의 강도 및 강성 확보라고 한다면, 충분조건은 각부의 지지(支持) 강성의 확보이다. 초고속 영역에서 정확한 움직임을 실현시키기 위해서는, 각부의 정밀도도 높은 수준으로 요구되는 것은 말할 나위도 없다. 앞 현가장치 전체의 구

성은, 이른바 더블 위시본이다. 현재의 V36형 스카이라인 현가장치가 그 기본이 되어 있다. 신생 FR 패키지 제1탄인 Z33형 페어레이디Z 및 V35형 스카이라인에서는 아래 암을 전후로 분할한 링크식을 사용했지만, V36형 스카이라인부터는 일반적인 L자형 암으로 변경되었다. 보다 높은 부하 영역에서의 차륜유지 및 노면 측에서 조향계로 오는 입력에 대응하기 위한 목적으로 한 변경이다. 조금 심하게 표현하면, GT-R의 앞 현가장치는 V36형 스카이라인용을 기초로 하여, 오직 강도와 강성,그리고 정밀도의 향상만을 추구한 것이라고 간주해도 좋다. 구성면에서 조금 신경이 쓰이는 것은, 댐퍼의 아래쪽이

로어 암 가운데쯤에 장착되어 있다는 점, 레버비(휠 행정에 대한 댐퍼 행정의 비)가 약 0.7 정도라는 점, 입력 효율이 저하할 뿐 아니라 GT-R의 경우는 단순히 차량 중량만을 생각하더라도 댐퍼 하나 당, 항상 800kg정도의 큰 입력이 걸리는 것으로 계산되기 때문에 보통보다 큰 폭으로 증가하는 부담에 대한 대응, 그래서 감쇠의 확실성이라는 점에서의 불리함은 부정할 수 없다. 그러나 개발진은 그런 어려움을 정면으로 도전하여 극복했다. 기본 구성이야말로 「멀티 링크」이지만, 트랜스 액슬 구조의 사용에 따라, GT-R의 뒤 현가장치는 완전히 새로운 설계가 되었다. 최대의 변경점은 서브프레임 자체의 형

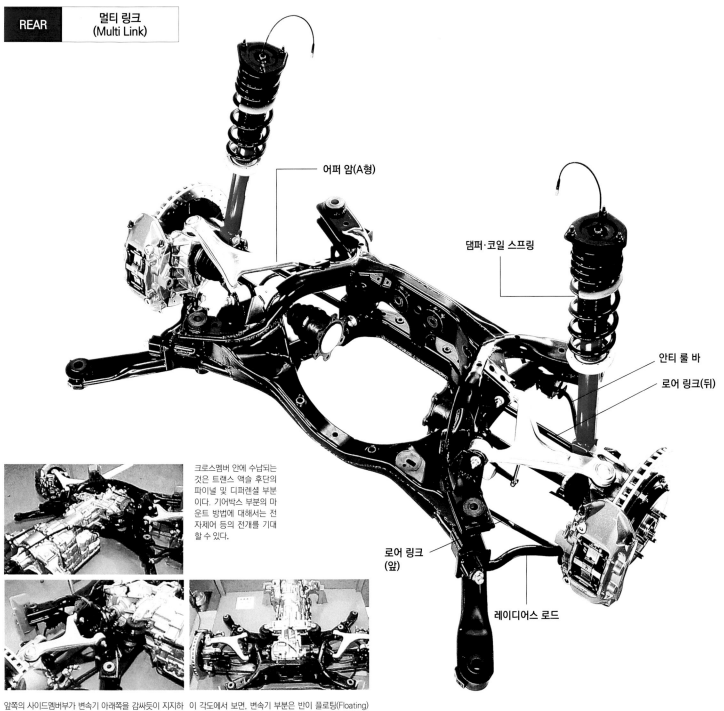

REAR | 멀티 링크 (Multi Link)

어퍼 암(A형)

댐퍼·코일 스프링

안티 롤 바

로어 링크(뒤)

로어 링크 (앞)

레이디어스 로드

크로스멤버 안에 수납되는 것은 트랜스 액슬 후단의 파이널 및 디퍼렌셜 부분이다. 기어박스 부분의 마운트 방법에 대해서는 전자제어 등의 전개를 기대할 수 있다.

앞쪽의 사이드멤버부가 변속기 아래쪽을 감싸듯이 지지하고 있다. 이 부분의 마운트 방식에 따라서 자동차 전체의 동역학적 품질에 영향을 준다.

이 각도에서 보면, 변속기 부분은 반이 플로팅(Floating) 장착되어 있는 듯이 보인다. 2개의 로어 링크의 위치관계를 이해하기 쉬운 사진이기도 하다.

상이다. 닛산의 정식 명칭으로는 「6점 마운트식 입체형 파이프 프레임 일체식 리어멤버」가 되는 이 부분은, 메인 파이프를 상하 2단으로 배치하고, 전후의 크로스멤버로 좌우를 견고하게 이어줌으로써, 입력을 분산시켜 입체적으로 받는 구조이다. 이렇게 함으로써 현가장치 전체의 강성을 크게 향상시키는 데 성공하였다. 로어 링크의 구조와 형상도 변경되었다. V36형 스카이라인에서는 댐퍼와 코일 스프링을 별도의 마운트로 하고, 스프링은 조각배 모양의 주물제 뒤쪽 로어 링크 중앙부에 설치되어 있지만, GT-R에서는 코일 오버식으로 변경되었다. 로어 링크 자체도 앞쪽이나 뒤쪽을 모두 가운데가 빈 중

공 구조로 만들었는데, 더욱이 레이디어스 로드(Radius rod·역할은 트레일링 링크)도 중공 구조로 변경하였다. 이들 링크종류의 변경은 경량화, 강성 분포의 재검토, 진동 특성의 검토로부터의 결과물이라고 생각할 수 있다. 당연히 정적 및 동적 기하학적 구조도 재검토되면서 노면 추종성(追從性·Conformability)을 향상시키고 있다. 댐퍼 자체는 V36형 스카이라인과 같으며 허브 캐리어에 직접 연결되어 있다. 레버비가 거의 1이 되기 때문에 입력효율이 높아진다. 그리고 서브프레임과 어퍼 암, 뒤쪽 로어 링크의 일부에서는 필로 볼(Pillow Ball)식 마운트를 사용, 대(大)입력 및 고(高)하중 시의 얼라인먼

트(Alignment) 변화를 최소한으로 억누르고 있다. 너클, 허브 등 대입력을 받는 부분의 강화에도 빈틈은 없다. R35형 GT-R의 뒤 현가장치 전체의 구성에서 간파할 수 있는 것은 "쓸데없이 구조면에 지나치게 신경 쓰지 않고 반대로 가급적 단순한 구조로 만들어, 대(大)입력을 받기 위한 '강함'의 확보에서는 철저하게 신경 써 추구한다는 자세이다. 4륜의 접지성 향상이라는 차량 동역학의 '원점'으로 돌아가, 실제로 달려보면서 도출된 가장 알맞는 해답의 형, "이것이야말로 원점 회귀라고 말할 수 있을 것"으로 판단된다.

➤ MITSUBISHI LANCER EVOLUTION X

보디는 새로워졌어도 현가장치는 같은 구성, 기본에 충실하면서 숙성이 잘된 '맛'에 기대.

.삽화 : MITSUBISHI

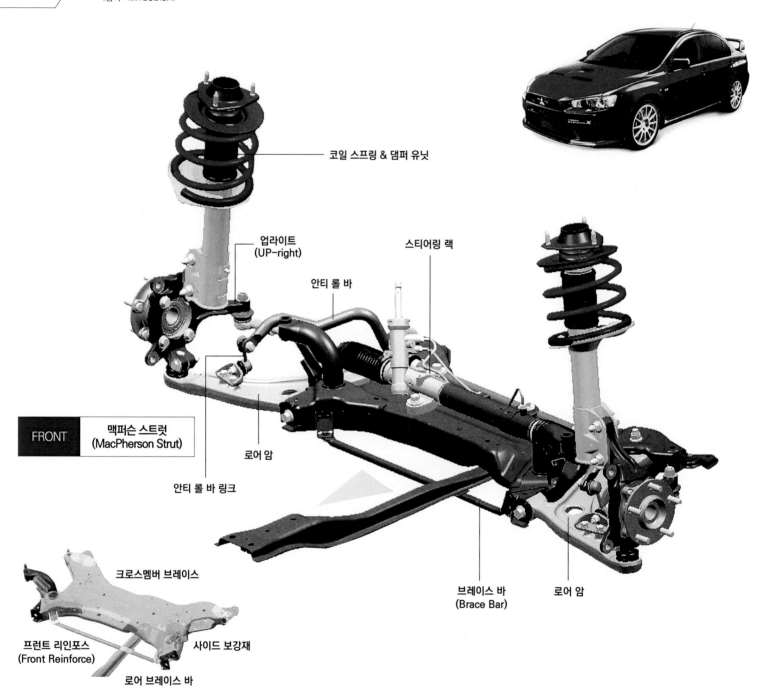

코일 스프링 & 댐퍼 유닛

업라이트
(UP-right)

스티어링 랙

안티 롤 바

FRONT | 맥퍼슨 스트럿
(MacPherson Strut)

로어 암

안티 롤 바 링크

크로스멤버 브레이스

브레이스 바
(Brace Bar)

로어 암

프런트 리인포스
(Front Reinforce)

사이드 보강재

로어 브레이스 바

MITSUBISHI LANCER EVOLUTION X 제원

길이 × 너비 × 높이 : 4655 × 1895 × 1370
축간거리(mm) : 2650
트레드(mm) : FR 1545
엔진탑재위치 : 앞 가로배치
구동륜 : 앞/뒷바퀴
타이어사이즈 : FR 모두 245 / 40 R18
※ GSR의 제원

베이스 차이는 변했어도 현가장치의 기본 구성은 변함이 없다. 매우 일반적인 스트럿에 「(감마)자형 로어 암을 조합시킨 상당히 단순한 구성이다. 다만, 암이나 허브 캐리어 등은 전용 설계부품을 사용하고, 스트럿도 도립(倒立) 타입을 투입하여 강성의 향상을 도모하고 있다. 크로스멤버도 대단히 강성이 높을 듯한 전용품이 사용되었다. 언제나 한결같은 「Evo 문법(文法)」에 준하는 구성이다. 겉보기 인상이기는 하지만, 좀 신경에 쓰이는 것은

브레이스 바의 사이즈와 설치방법이다. 로어 암 앞쪽 마운트부분은 큰 입력이 곧바로 작용하는 부분이어서, 본래는 좀 더 견고한 구조재로 단단하게 직접 연결해 두고 싶은 곳이다. 안티 롤 바는 링크가 암 마운트로 되어 있다. 구성상 어쩔 수는 없다고 하지만, 바 본체가 다른 부품을 피해가는 듯한 형상으로 되어있는 점은 검토가 필요하다. 불필요하게 길어져 스프링 상수가 낮아지고, 작동 효율 면에서 불리하기 때문이다.

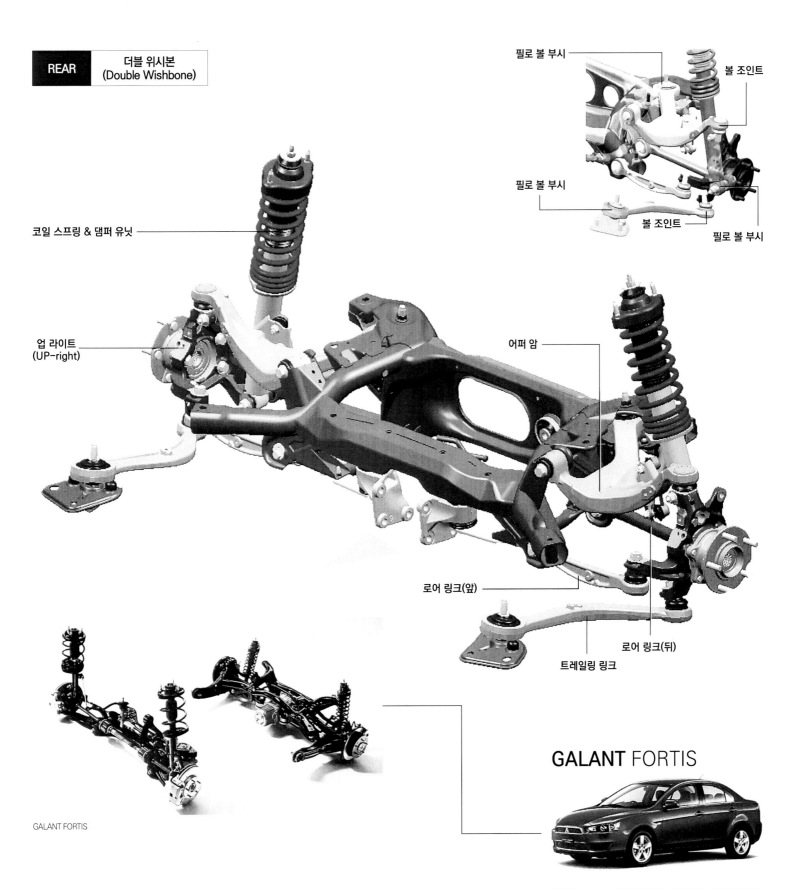

필로 볼 부시

볼 조인트

필로 볼 부시

볼 조인트

필로 볼 부시

코일 스프링 & 댐퍼 유닛

업 라이트 (UP-right)

어퍼 암

로어 링크(앞)

로어 링크(뒤)

트레일링 링크

GALANT FORTIS

GALANT FORTIS

뒤 현가장치도, Evo IX와 거의 같은 구성이다. 매우 강성이 높은 서브 프레임을 사용하면서 아래를 트레일 링크, 그 밖의 2개의 링크로 구성된다. 구조적으로는 멀티링크라고 불러도 좋지만, 이 구성으로 가상 조향축을 상정한다면 타이어 트레드 면의 먼 바깥 후방에 위치하게 되어, 컴플라이언스의 상정에 이해하기 어려운 문제가 있다. 전체의 구성에서 알 수 있는 것은, 제동 방향 및 횡력이 들어오면 토인으로 된다. 우선은 뒤 현가를 단단

히 안정시킨 후 그것을 바탕으로 달리어 나가겠다는 의도가 명확하다. 이미 실적이 있는 구성이기도 하다. 잘 보이지는 않지만, 안티 롤 바는 링크를 어퍼 암에 접속했다. 위치와 구성으로 레버 비를 작게 하려는 노력이 보인다. 각부 조인트 중, 특히 큰 힘이 걸리는 부분에는 볼 조인트나 필로 볼 부시를 사용하여 작동의 확실성과 내구성을 확보하고 있다.

'란서에보(Lancer evo)'의 기본차량인 '갤랑 포르티스'의 현가장치를 보도록 하자. 앞은 매우 전형적인 스트럿 형식이다. 서브프레임이 앞까지 나와 있지 않아, 플로어의 연장이라는 느낌은 부정할 수 없지만, 이것은 일본산 가로배치 FF차에서 흔히 볼 수 있는 구조이기도 하다. 원래는, 좌우의 암 사이를 직접 접합하는 멤버종류가 필요하다. 이런 구조로서는 큰 입력을 받는 로어 앞쪽 부시의 용량을 그다지 크게 할 수 없으므로 소음 면에서도 불리하다. 뒤는 트레일링 암이 큰 것과 코일 & 댐퍼 유닛의 구성을 제외하면, 앞에서 소개한 닛산 듀얼리스와 비슷한 배치라고 할 수 있다. 전후의 위치 결정면에서는 유리하므로, 다음은 토 강성을 어떻게 확보할 것인지가 과제이다.

Motor Fan illustrated

Vol 1

친환경자동차

Vol 2

F1 머신
하이테크의 비밀

Vol 3

엔진 테크놀로지

Vol 4

하이브리드의 진화

Vol 5

트랜스미션
오늘과 내일

Vol 6

가솔린 · 디젤
엔진의 기술과 전략

Vol 7

튜닝 F1 머신
공력의 기술

Vol 8
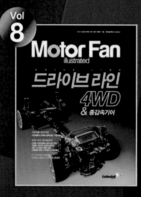
드라이브 라인
4WD & 종감속기어

Vol 9

자동차 디자인

Vol 10
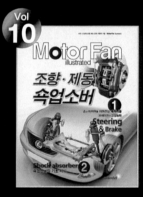
조향 · 제동 쇽업소버

Vol 11

전기 / 자동차 기초 &
하이브리드 재정의

Vol 12

신소재 자동차 보디

Vol 13

타이어 테크놀로지

Vol 14

자동변속기 · CVT

Vol 15

디젤 엔진의 테크놀로지